食品安全与健康饮食

陈学辉　主编

辽宁科学技术出版社

·沈　阳·

编委会

前言

习近平总书记在党的十九大报告中指出，要提高人民思想觉悟、道德水准、文明素养，提高全社会文明程度。引导人们树立正确的历史观、民族观、国家观、文化观。推进社会公德、职业道德、家庭美德、个人品德建设，激励人们向上向善、孝老爱亲，忠于祖国、忠于人民。弘扬科学精神，普及科学知识，开展移风易俗、弘扬时代新风行动，抵制腐朽落后文化侵蚀。

当前，沈阳振兴发展正处在爬坡过坎、滚石上山的关键时期，市委十三届六次全会提出，到2030年，要把沈阳市建设成为东北亚国际化中心城市、科技创新中心、先进装备智能制造中心、高品质公共服务中心，实现这一美好愿景，创新驱动尤为关键，必须最大限度发挥科技在经济社会发展中的重要引领、重要推动作用，必须以市民科学素质的持续提升构筑未来发展新优势，厚植我市创新发展的科技和人力资源基础。从这个意义上讲，做好科学普及工作，已成为提升城市综合实力，推动沈阳迈向全面振兴的现实需要。

近年来，沈阳社区科普大学紧紧抓住提高我市公众科学素养这一主题，通过开展科普益民行动、创建国家卫生城市、建设国家健康城市、创建国家食品安全示范城市等一系列活动，不断探索科普服务平台搭建、科普资源开发与供给的有效途径，不断推动社区科普工作融入精神文明建设、和谐沈阳建设，融入百姓生产生活，面向市民的科普公共服务能力得到有效加强。截至目前，沈阳市科学技术协会已组织专家持续编印社区科普大学教材15套40多册，内容涵盖心理健康、科学健身、食品安全、饮食营养等多个学科，这些科普读物以浓郁的科学性、趣味性、实用性，受到了社区居民群众和各方面的普遍欢迎。为打赢“三城联创”攻坚战，今年我们继续加大科普资源建设力度，组织专家力量续编了《食品安全与健康饮食》和《肛肠病知多少》这套科普读物，在总结多年创作经验的基础上，力求文字通俗易懂，内容贴近生活实际，集科学性、趣味性、针对性于一体。希望这套科普读物的出版，能够为社区科普大学全体师生和沈阳市民学科学、用科学提供有益帮助。

读者朋友们，科学素质是决定公民的思维方式和行为方式、实现美好生活的前提，是实施创新驱动发展战略和全面建成小康社会的群众基础和社会基础。提高全民科学素质，需要全社会的广泛关注和共同参与，让我们携起手来，在推动公众理解科学、科学普惠人民的道路上协力同心，薪火相传。

2018年8月

沈阳市科学技术协会

目录

第一章 食品安全知识

食品安全影响着每个人的日常生活和健康。食品安全与否不但关系到我们的身体健康而且决定着我们的生活质量和生命的延续。安全健康的食品能够使我们的身体汲取足够的养分从而保证自身生长发育和日常活动的基本需要，而且这些食物中的营养素对于维护免疫功能、抗氧化功能以及神经内分泌，乃至脑功能等生命过程都是必不可少的物质基础，而问题食品、垃圾食品则会严重危害人们的身体健康。随着近年来重大食品安全问题不断被爆出，食品安全成为人们关注的焦点。消费者在选择食品时也持越来越谨慎的态度。从苏丹红、三聚氰胺、瘦肉精等问题可看出，近几年政府和企业已对食品安全做出积极努力，但食品安全问题时有发生。

第一节　食品安全

一、食品安全定义及食品安全基本知识

（一）食品安全定义

食品，指各种供人食用或者饮用的成品和原料以及按照传统既是食品又是中药材的物品，但是不包括以治疗为目的的物品。

《中华人民共和国食品安全法》第十章附则第一百五十条规定。本法下列用语的含义：食品安全，指食品无毒、无害，符合应当有的营养要求，对人体健康不造成任何急性、亚急性或者慢性危害。食品安全事故，指食源性疾病、食品污染等源于食品，对人体健康有危害或者可能有危害的事故。

食品安全问题主要有以下几方面原因：第一，食品原材料安全控制。过去的一些食品安全事故，往往是原材料污染导致了食品安全问题，如微生物引起的食源性疾病、种植业和养殖业的源头污染、

环境污染等，如何检验和消除农产品原材料中的农药残留、兽药残留、重金属污染以及非法添加剂，已经成为食品生产厂商关注的首要问题。第二，食品添加剂问题。我国的食品添加剂法规尚在发展阶段，一些标准仍需完善。作为食品生产和加工企业，如何在研发和生产中选择合法的食品添加剂，在食品进口中确保食品所含添加剂符合国内标准，都是国内食品厂商目前希望了解的问题。第三，从整个供应链来保障食品安全与质量。食品安全控制已不仅仅停留在生产过程中，食品的物流环节（包括包装、储藏和运输等）对于后期发生的食品质量问题存在影响。第四，部分人为主观造假，部分食品从业人员法律意识淡薄，为了获取更大的经济利益，存在人为的掺杂使假现象。第五，食品生产经营企业规模化、集约化程度不高。大部分食品生产企业规模较小，自身食品安全管理水平偏低；食品生产经营过程中使用不合格原料生产加工食品或过程控制不到位。第六，食品工业应用新原料、新工艺带来的食品安全问题。几年来随着食品科学的发展，采用中草药、转基因食品等新资源，食品新型包装材料、食品辐照等新食品加工工艺，对于食品安全质量存在影响。第七，食品安全监督管理的条件、手段和人员还不能完全适应实际工作的需要。

对于食品安全的发生没有预见性，采取先发生后补救的措施，另外，生产或经营企业数量与监管人员偏差较大，不能有效和及时地监管。

（二）食品质量要求

（1）有营养价值；易吸收。

（2）有较好的色、香、味和外观形状。

（3）无毒、无害，防腐剂添加符合食品卫生质量要求。

目前对于食品安全概念的理解，国际社会已经基本形成共识：即食品的种植、养殖、加工、包装、贮藏、运输、销售、消费等活动符合国家强制标准和要求，不存在可能损害或威胁人体健康的有毒有害物质，以致消费者病、亡或者危及消费者及其后代的隐患。

食物质量安全是指确保食品消费对人类健康没有直接或潜在的不良影响，是食品卫生的重要部分，也是一个全球性的问题。食品污染是影响食品安全的主要问题。

（三）食品安全标准内容

（1）食品相关产品的致病性微生物、农药残留、兽药残留、重金属、污染物质以及其他危害人体健康物质的限量规定。

（2）食品添加剂的品种、使用范围、用量。

（3）专供婴幼儿的主辅食品的营养成分要求。

（4）对与营养有关的标签、标识、说明书的要求。

（5）与食品安全有关的质量要求。

（6）食品检验方法与规程。

（7）其他需要制定为食品安全标准的内容。

（8）食品中所有的添加剂必须详细列出。

二、食品安全的重要性

（一）人类健康的要求

食品安全之所以在世界范围内受到广泛关注，是因为食品安全对于所有国家和所有人都是一个利益攸关的问题。首先，食品安全危及消费者健康。食品安全事件容易造成群体性发病，引起较大的社会和心理影响，如何保证食品安全已提升到前所未有的高度，越来越受到政府和人们的重视。食源性疾病是使人遭受痛苦的一个主要原因，它能带来不必要的死亡和经济负担。如单核细胞增生性李斯特菌食物中毒和疯牛病事件等。

（二）食品贸易全球化增长的要求

目前全球食品安全形势不容乐观，主要表现为食源性疾病不断上升，恶性污染事件接二连三，新技术、新工艺带来新的危害致使世界范围内食品贸易纠纷不断，成为影响食品国际贸易的重要因素。如英国的疯牛病仅禁止出口一项每年损失52亿美元，为杜绝疯牛病而采取的宰杀行动损失约300亿美元；比利时的二噁英污染事件不仅导致其生产的动物性食品被大量销毁，而且导致世界各国禁止其动物性食品的进口，据估计经济损失在13亿欧元。

（三）社会稳定发展和国家安全的要求

食品安全问题的发生不仅使其经济上受到严重损害，还影响到消费者对政府的信任、威胁社会稳定和国家安全。比利时的二噁英事件不仅使卫生部长和农业部长下台，也使执政长达40年之久的社会党政府垮台。我国三聚氰胺事件也对部分监管人员进行了处理。近几年来百姓对于国内食品安全存在质疑的态度，影呼对政府的信任度。

三、我国对于食品安全的重视及政策

（一）我国食品安全现状

我国政府十分重视食品安全问题。从粮食的统购统销，到食品安全法的颁布，从职能部门的“角色不清”“权限不清”到目前监管机构的整合等，充分体现了政府对食品安全的重视。经过几十年的努力，我国的食品安全卫生状况有了明显的改善。自20世纪80年代以来，制定了食品卫生法，形成了与之配套的各种法律、法规；如食品卫生管理办法、食品卫生标准，并随着国际形势的变化和市场全球化的需要不断地完善、修订。目前中国食品工业已形成了由国家标准、行业标准、地方标准和企业标准等四级标准构成的标准化体系。我们有足够的食品卫生监督、管理、检测队伍。

食品的卫生质量逐步提高。全国调查结果表明，按照国家卫生标准对各类食品抽检，合格率逐年上升，说明我国食品卫生的整体情况是良好的。尽管我国的食品安全工作取得了明显的进步，但由于起步晚，我国的食品安全水平同发达国家还有一定的差距。我国的食品安全的法律法规体系还不够完善，同发达国家相比中国的食品安全问题是伴随改革过程而加重的，更多的是经济意义上的市场和政府政策失控，以及法律的系统性不够完善、使用局限性等急待解决的问题。食品安全标准的起点低、管理落后、加工企业安全监控体系落后等因素制约我国食品安全水平的提高。

（二）我国食品安全存在的问题

1. 化肥和农药造成的污染严重

长期过量使用化肥，破坏土壤中的成分和结构，使土壤理化性质恶化，土壤肥力下降，而这又造成农民加大化肥的使用，造成恶性循环，不仅增加了农民负担，还加剧了农产品和生态环境的污染。

2. 超范围、超限量使用食品添加剂和添加非食用物质

一些企业超范围、超限量使用食品添加剂，如在面粉中超范围添加增白剂“过氧化苯甲酰”，在腌菜中超量使用苯甲酸；饮料中超量使用的化学合成甜味剂；米粉、腐竹中添加“吊白块”非食用物质来改善口感等。

3. 微生物引起的食源性疾病

在我国食品卫生危害中，食物中毒仍是最普遍、最主要的。而食物中毒中细菌造成的中毒事故占绝大多数，可见对食品中微生物污染的控制，有利于保障食品安全。我国这方面的问题多集中在贮存、运输环节和一些餐饮摊点。

4. 食品工业应用新原料、新工艺带来的食品安全问题

利用中草药、转基因食品等新资源；化学合成添加剂等新的食品添加剂；食品新型包装材料；大

孔树脂吸附纯化、食品辐照等新的食品加工工艺。对这些新工艺在食品加工中的性能人们还未全面了解和掌握，因此可能带来新的食品安全问题。

5. 生产假冒伪劣食品

一些不法分子，利用化学合成物掺兑的酱油、食醋；粗制滥造的饮料和冷冻食品；用工业酒精制造假酒等危害性较大。

（三）解决食品安全的对策

1. 制定政策，完善法规

要加快食品质量安全有关法规的立法进程，促进食品质量安全管理走向法治化轨道。我国虽然有了《食品安全法》法规，但在一些细节方面还有待进一步完善。同时要健全食品质量安全执法体系，加强执法监督，严格执法人员准入资格；建立食品质量安全责任追究制度。

2. 加强宣传引导促进绿色食品的生产

提高化肥和农药的使用技术，加大对农民的教育，引导他们正确合理地使用农用化学产品，减少它们对生态环境的污染。加大宣传力度，提高人们的认识水平，引导人们对绿色食品的消费，增强农民的生产积极性，促进绿色食品的生产。

3. 加强食品质量安全保障体系建设

要对食品安全质量实施强有力的监控，一要下大力气建立健全食品质量安全标准体系建设，使食品生产经营的各个环节都能有相应的标准可遵循。二要加强食品质量安全检验检测体系，开展食品质量安全的日常监督管理和检测工作。三要建立食品质量认证体系。

4. 加强科学技术研究

加快科技创新，进一步开展对农兽药残留限量问题的研究；加速对农产品质量、非食用物质添加的安全检测技术、设备的研发，解决当前市场监管中的技术难题。

四、“十三五”国家食品安全规划的目标和内容

“十三五”时期是全面建成小康社会的决胜阶段，也是全面建立严密高效、社会共治的食品安全治理体系的关键时期。尊重食品安全客观规律，坚持源头治理、标本兼治，确保人民群众“舌尖上的安全”，是全面建成小康社会的客观需要，是公共安全体系建设的重要内容，必须下大力气抓紧抓好。

（一）发展目标

到2020年，食品安全治理能力、食品安全水平、食品产业发展水平和人民群众满意度明显提

升。主要实现以下目标：

1. 食品安全抽检覆盖全部食品类别、品种

国家统一安排计划，各地区各有关部门分别组织实施的食品检验量达到每年4份/千人。其中，各省（区、市）组织的主要针对农药兽药残留的食品检验量不低于每年2份/千人。

2. 农业源头污染得到有效治理

主要农作物病虫害绿色防控覆盖率达到30%以上，农药利用率达到40%以上，主要农产品质量安全监测总体合格率达到97%以上。

3. 食品安全现场检查全面加强

职业化检查员队伍基本建成，实现执法程序和执法文书标准化、规范化。对食品生产经营者每年至少检查1次。实施网格化管理，县、乡级全部完成食品安全网格划定。

4. 食品安全标准更加完善

制修订不少于300项食品安全国家标准，制修订、评估转化农药残留限量指标6 600余项、兽药残留限量指标270余项。产品标准覆盖包括农产品和特殊人群膳食食品在内的所有日常消费食品，限量标准覆盖所有批准使用的农药兽药和相关农产品，检测方法逐步覆盖所有限量标准。

5. 食品安全监管和技术支撑能力得到明显提升

实现各级监管队伍装备配置标准化。各级食品安全检验检测能力达到国家建设标准，进出口食品检验检测能力保持国际水平。

（二）主要任务

1. 全面落实企业主体责任

食品生产经营者应当严格落实法定责任和义务。遵守相关法律法规和标准，采取多种措施，确保生产过程整洁卫生并符合有关标准规范，确保生产经营各环节数据信息采集留存真实、可靠、可溯源。建立健全食品安全管理制度，配备食品安全管理人员。主动监测已上市产品质量安全状况，及时报告风险隐患，依法召回、处置不符合标准或存在安全隐患的食品。

2. 加快食品安全标准与国际接轨

建立最严谨的食品安全标准体系。加快制定、修订产业发展和监管急需的食品基础标准、产品标准、配套检验方法标准、生产经营卫生规范等。加快制定、修订重金属、农药残留、兽药残留等食品安全标准。

3. 完善法律法规制度

加快构建以食品安全法为核心的食品安全法律法规体系。修订农产品质量安全法、食品安全法实施条例、农药管理条例、乳品质量安全监督管理条例。推进土壤污染防治法、粮食法、肥料管理条例等立法进程。推动各地加快食品生产加工小作坊和食品摊贩管理等地方性法规规章制定、修订。

4. 严格源头治理和过程监管

深入开展农药兽药残留、重金属污染综合治理。开展化肥农药使用量零增长行动，全面推广测土配方施肥、农药精准高效施用。加快高效、低毒、低残留农药新品种研发和推广，实施高毒、高残留农药替代行动。

严把食品生产经营许可关。对食品（含食品添加剂）生产、直接接触食品的包装材料等具有较高风险的相关产品、食品经营（不含销售食用农产品）依法严格实施许可管理。获得许可证的餐饮服务单位全面推行“明厨亮灶”。

严格生产经营环节现场检查。食品生产经营企业应当认真履行法定义务，严格遵守许可条件和相关行为规范。

严格特殊食品监管。推进保健食品注册与备案制改革，完善保健食品的保健功能目录，科学调整功能表述。制定保健食品原料目录、可用和禁用于保健食品物品名单。严格特殊医学用途配方食品、婴幼儿配方乳粉产品配方注册管理。

严格互联网食品经营、网络订餐等新业态监管。同时对于食品相关产品监管和进出口食品也要严格安全监管。

5. 强化抽样检验

食品安全抽样检验覆盖所有食品类别、品种，突出对食品中农药兽药残留的抽检。科学制定国家、省、市、县级抽检计划。将食品安全抽检情况列为食品安全工作考核的重点内容。

6. 严厉处罚违法违规行为

整治食品安全突出隐患及行业共性问题。重点治理超范围超限量使用食品添加剂、使用工业产品生产食品及食品制作过程违法添加等，生产经营企业虚假标注生产日期和保质期、用回收食品作为原料生产食品、保健食品标签宣传欺诈等危害食品安全的“潜规则”和相关违法行为。

7. 提升技术支撑能力

提升风险监测和风险评估能力。全面加强食源性疾病、食品污染物、食品中有毒物质监测，强化监测数据质量控制，建立监测数据共享机制。

健全风险交流制度。按照科学、客观、及时、公开的原则，定期组织食品生产经营者、食品检验机构、认证机构、食品行业协会、消费者协会以及新闻媒体等，就食品安全风险评估信息和食品安全监督管理信息进行交流沟通。

加快建设食品安全检验检测体系，强化科技创新支撑。利用国家科技计划、企业投入、社会资本等统筹支持食品安全创新工作。重点支持研发冷链装备关键技术、过程控制技术、检验检测技术等。

8. 加快建立职业化检查员队伍

依托现有资源建立职业化检查员制度，明确检查员的资格标准、检查职责、培训管理、绩效考核等要求。完善食品安全信息公开制度。

9. 深入开展“双安双创”行动

继续开展国家食品安全示范城市创建和农产品质量安全县创建（即“双安双创”）行动，实施食品安全和农产品质量安全示范引领工程，鼓励各地分层次、分步骤开展本区域食品安全和农产品质量安全示范创建行动，提升食品安全监管能力和水平。

第二节 食物中毒、食源性疾病

一、食物中毒定义、原因分类和特点

食物中毒是指食用了不利于人体健康的物品而

导致的急性中毒性疾病，通常都是在不知情的情况下发生食物中毒。食物中毒是由于进食被细菌及其毒素污染的食物，或摄食含有毒素的动植物如毒蕈、河豚等引起的急性中毒性疾病。变质食品、污染水源是主要传染源，不洁手、餐具和带菌苍蝇是主要传播途径。

食物中毒的原因很多，主要可以分为以下几类：

（一）细菌性食物中毒

是指人们摄入含有细菌或细菌毒素的食品而引起的食物中毒，引起食物中毒的原因有很多，其中最主要、最常见的原因就是食物被细菌污染，据我国近五年食物中毒统计资料表明，细菌性食物中毒占食物中毒总数的50%左右，而动物性食品是引起细菌性食物中毒的主要食品，其中肉类及熟肉制品居首位，其次有变质禽肉、病死畜肉以及鱼、奶、剩饭等。

食物被细菌污染主要有以下几个原因：

（1）禽畜在宰杀前就是病禽、病畜。

（2）刀具、砧板及用具不洁，生熟交叉感染。

（3）卫生状况差，蚊蝇滋生。

（4）食品从业人员带菌污染食物。

并不是人吃了细菌污染的食物就马上会发生食

物中毒，细菌污染了食物并在食物上大量繁殖达到可致病的数量或繁殖产生致病的毒素，人吃了这种食物才会发生食物中毒，因此，发生食物中毒的另一主要原因就是贮存方式不当或在较高温度下存放较长时间，食品中的水分及营养条件使致病菌大量繁殖，如果食前彻底加热，杀死病原菌的话，也不会发生食物中毒，最后一个重要原因为食前未充分加热，未充分煮熟。

细菌性食物中毒的发生与不同区域人群的饮食习惯有密切关系，美国多食肉、蛋和糕点，葡萄球菌食物中毒最多；日本喜食生鱼片，副溶血性弧菌食物中毒最多；我国食用畜禽肉、禽蛋类较多，多年来一直以沙门菌食物中毒居首位，引起细菌性食物中毒的始作俑者有沙门菌、葡萄球菌、大肠埃希菌、肉毒杆菌、肝炎病毒等，这些细菌、病毒可直接生长在食物当中，也可经过食品操作人员的手或容器，污染其他食物，当人们食用这些被污染过的食物，有害菌所产生的毒素就可引起中毒，每至夏天，各种微生物生长繁殖旺盛，食品中的细菌数量较多，加速了其腐败变质；加之人们

贪凉，常食用未经充分加热的食物，所以夏季是细菌性食物中毒的高发季节。

（二）真菌毒素中毒

真菌在谷物或其他食品中生长繁殖产生有毒的代谢产物，人和动物食用这种毒性物质发生的中毒，称为真菌性食物中毒，中毒发生主要通过被真菌污染的食品，用一般的烹调方法加热处理不能破坏食品中的真菌毒素，真菌生长繁殖及产生毒素需要一定的温度和湿度，因此中毒往往有比较明显的季节性和地区性。

（三）动物性食物中毒

食入动物性中毒食品引起的食物中毒即为动物性食物中毒，动物性中毒食品主要有两种：将天然含有有毒成分的动物或动物的某一部分当作食品，误食引起中毒反应；在一定条件下产生了大量的有毒成分的可食的动物性食品，如食用不新鲜的鲐鱼等也可引起中毒。近年，我国发生的动物性食物中毒主要是河豚中毒。

（四）植物性食物中毒

将天然含有有毒成分的植物或其加工制品当作食品，如桐油、大麻油等引起的食物中毒；在食品的加工过程中，将未能破坏或除去有毒成分的植物当作食品食用，如木薯、苦杏仁等；在一定条件下，不当食用大量有毒成分的植物性食品，食用鲜黄花菜、发芽马铃薯、未腌制好的咸菜或未烧熟的扁豆等造成中毒，一般因误食有毒植物或有毒的植物种子，或烹调加工方法不当，没有把植物中的有毒物质去掉而引起，最常见的植物性食物中毒为菜豆中毒、毒蘑菇中毒、木薯中毒；可引起死亡的有毒蘑菇、马铃薯、曼陀罗、银杏、苦杏仁、桐油等，植物性中毒多数没有特效疗法，对一些能引起死亡的严重中毒，应尽早排除毒物对中毒者的预后非常重要。

（五）化学性食物中毒

误食被有毒害的化学物质污染的食品；因添加非食品级、伪造的或禁止使用的添加剂，营养强化剂的食品，以及超量使用食品添加剂而导致的食物中毒；因贮藏等原因造成营养素发生化学变化的食品，如油脂酸败造成中毒，食入化学性中毒食品引起的食物中毒即为化学性食物中毒，化学性食物中毒发病特点是：发病与进食时间、食用量有关，一般进食后不久发病，常有群体性，病人有相同的临床表现，在剩余食品、呕吐物、血和尿等样品中可测出有关化学毒物，在处理化学性食物中毒时应突出一个“快”字！及时处理不但对挽救病人生命十分重要，同时对控制事态发展，特别是群体中毒和一时尚未明确的化学毒物时更为重要。

食物中毒流行病特点：

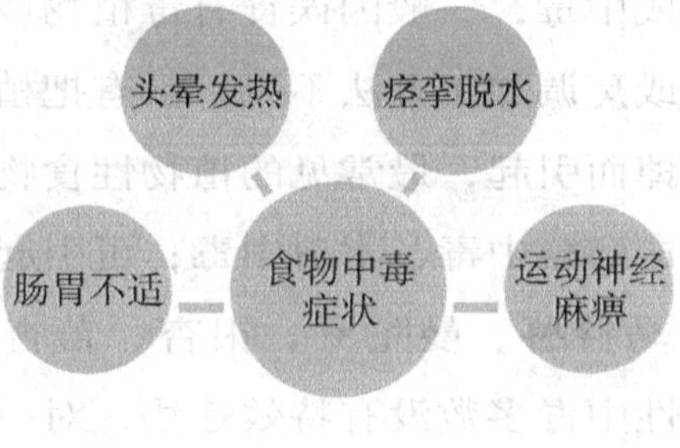

（1）中毒患者在相近的时间内均食用过某种共同的中毒食品，未食用者不发病。

（2）潜伏期短，发病急骤，短时间内可能有多人同时发病。

（3）所有中毒患者的临床表现基本类似，病程短。

（4）停止食用中毒食品后，发病很快停止。

（5）人与人之间无传染性。

（6）有一定的季节性，如微生物性食物中毒在夏秋季节高发。

二、食物中毒的预防和自救措施

食物中毒，有单人中毒，也有群体中毒，其症状以恶心、呕吐、腹痛、腹泻为主，往往伴有发烧。吐泻严重的，还可能发生脱水、酸中毒，甚至休克、昏迷等症状。

预防食物中毒的主要办法是注意个人卫生及食品卫生。低温存放的食物，食前严格消毒、彻底加热，不食用有毒的、变质的动植物和经化学物品污染过的食品。一旦有人出现上吐、下泻、腹痛等食物中毒症状时，首先应立即停止食用中毒食物，马上向急救中心120呼救，送中毒者去医院进行洗胃、导泻、灌肠。在急救车来到之前可以采取一些自救措施：

1. 催吐

对中毒不久而无明显呕吐者，可先用手指、筷子等刺激其舌根部催吐，或让中毒者大量饮用温开水并反复自行催吐，以减少毒素的吸收。如经大量温水催吐后，呕吐物已为较澄清液体时，可适量饮用牛奶以保护胃黏膜。但如在呕吐物中发现血性液

自救互救系列
食物中毒

体，应想到可能出现胃、食道或咽部出血，此时应停止催吐。

2. 导泻

如果病人吃下去的中毒食物时间较长，一般已超过2~3小时，而且精神较好，则可服用些泻药，促使中毒食物尽快排出体外。一般用大黄、番泻叶煎服或用开水冲服，都能达到导泻的目的。另外，因为确定中毒物质对治疗来说非常重要，所以要保存导致中毒的食物，提供给医院检疫。如果身边没有食物样本，也可保留患者的呕吐物和排泄物，方便医生尽快确诊和及时救治。

三、食源性疾病定义、特征、分类和预防

（一）定义

食源性疾病是指通过摄食而进入人体的有毒有害物质（包括生物性病原体）等致病因子所造成的疾病。一般可分为感染性和中毒性，包括常见的食物中毒、肠道

什么是食源性疾病

根据世界卫生组织（WHO）的定义，凡是通过**摄入食品**而进入人体的病原体，使人体罹患的**感染性疾病**或**中毒性疾病**，称之为食源性疾病。

传染病、人畜共患传染病、寄生虫病以及化学性有毒有害物质所引起的疾病。食源性疾患的发病率居各类疾病总发病率的前列，是当前世界上最突出的卫生问题。

由食品污染而引起的疾病是当今世界上最广泛的卫生问题之一，据报告，食源性疾患的发病率居各类疾病总发病率的第二位。在全世界范围内都是一个日益严重的公共卫生问题。食源性疾病最常见的临床表现为肠胃道症状，此种疾病还可能有神经科、妇科、免疫等其他症状。食源性疾病常见的病原有痢疾杆菌、伤寒杆菌、沙门菌、副溶血性弧菌、致泻性大肠埃希菌等细菌。食源性疾病主要流行特征为发病突然、病例集中。

（二）疾病特征

所有的食物中毒都是以食物和水源为载体使致病因子进入机体引起的疾病。具有以下特征：

1. 暴发性

一起食源性疾病暴发少则几人，多则成百上千人。在发病形式上，微生物性食物中毒多为集体暴发，潜伏期较长（6~39小时）；非微生物性食物中毒为散发或暴发，潜伏期较短（数分钟至数小时）。

2. 散发性

化学性食物中毒和某些有毒动植物食物中毒多

以散发病例出现，各病例间在发病时间和地点上无明显联系，如河豚中毒、有机磷中毒等。

3. 地区性

指某些食源性疾病常发生于某一地区或某一人群。例如，肉毒杆菌中毒在中国以新疆地区多见；副溶血性弧菌食物中毒主要发生在沿海地区；霉变甘蔗中毒多发生在北方地区；牛带绦虫病主要发生于有生食或半生食牛肉习俗的地区。

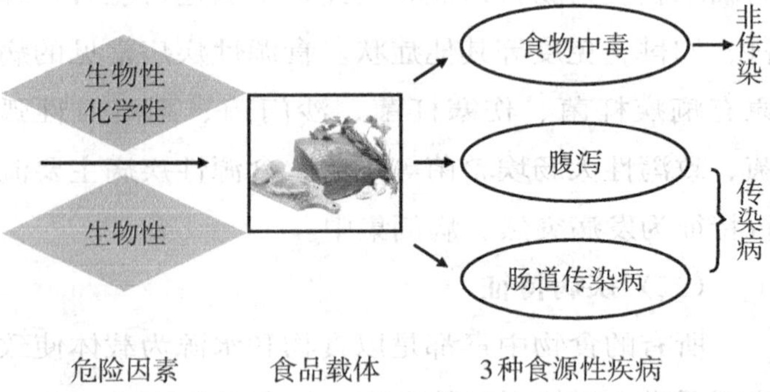

4. 季节性

某些疾病在一定季节内发病率升高。例如，细菌性食物中毒一年四季均可发生，但以夏秋季发病率最高；有毒蘑菇、鲜黄花菜中毒易发生在春夏生长季节，霉变甘蔗中毒主要发生在2—5月。

（三）疾病分类

食源性疾病分4类：①食物中毒：指食用了被

有毒有害物质污染或含有有毒有害物质的食品后出现的急性、亚急性疾病；②与食物有关的变态反应性疾病；③经食品感染的肠道传染病（如痢疾）、人畜共患病（口蹄疫）、寄生虫病等；④因二次大量或长期少量摄入某些有毒有害物质而引起的以慢性毒害为主要特征的疾病。

按致病因子分类：①细菌性食源性疾病；②食源性病毒感染；③食源性寄生虫感染；④食源性化学性中毒；⑤食源性真菌毒素中毒；⑥动物性毒素中毒；⑦植物性毒素中毒。

按发病机制分类：①食源性感染；②食源性中毒。

（四）疾病防治

目前一些发达国家和国际组织已经很少使用食物中毒的概念，经常使用的是“食源性疾患”。近20年来，他们对食源性疾患的定义、流行因素、危害程度、预防措施及其对社会

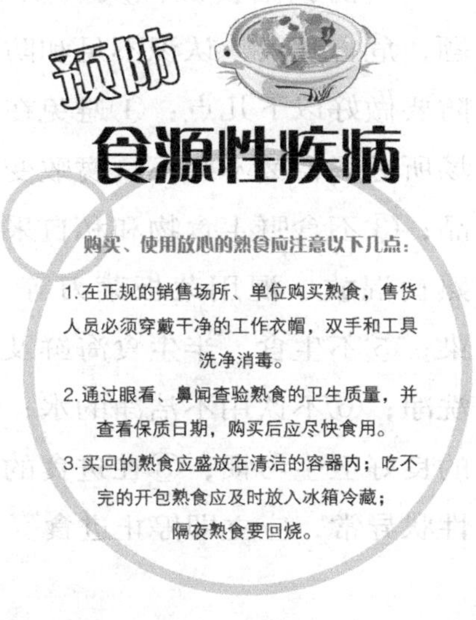

经济发展的影响等的研究有了较大的进展。我国历来重视食物中毒的防治工作，已形成了一整套的食物中毒的报告管理制度。《食品卫生法》已明确规定了食物中毒和其他食源性疾患的食品卫生监督管理的内容。由于历史原因，由食物传播的肠道传染病、腹泻病的报告管理仍属传染病报告的范围。对人畜共患病的报告尚不健全。因此，食物中毒仅是食源性疾患的一部分，不能全面、真实地反映因食物不卫生、食品污染对健康造成的危害。如何加强对食源性疾患的统一管理，统一报告，从预防和控制措施上与国际接轨，将是食品卫生工作者长期的任务。

当前我国食源性疾病主要来源于食品安全问题，危害性大，认识不足和防控措施薄弱，疾病预防要做好以下几点：①避免在没有卫生保障的公共场所进餐；②不买不食腐败变质及含有害物质的食品；③不食野生食物和私自采摘的瓜果；④避免生熟食混放、混用菜板菜刀等，防止生熟食交叉污染；⑤不生食、半生食海鲜及肉类，生食瓜果必须洗净；⑥不饮用不洁净的水；⑦养成饭前便后洗手的良好卫生习惯；⑧在进食的过程中发现食物感官性状异常，应立即停止进食。

第三节 有机食品、绿色食品、无公害食品

一、有机食品

（一）定义

有机食品也叫生态或生物食品等。有机食品是国际上对无污染天然食品比较统一的提法。有机食品通常来自有机农业生产体系，根据国际有机农业生产要求和相应的标准生产加工的。除有机食品外，国际上还把一些派生的产品如有机化妆品、纺织品、林产品或有机食品生产而提供的生产资料，包括生物农药、有机肥料等，经认证后统称有机产品。

（二）有机食品的特点

有机食品的主要特点来自生态良好的有机农业生产体系，有机食品的生产和加工，不使用化学农药、化肥、化学防腐剂等合成物质，也不用基因工程生物及其产物，因此，有机食品是一类真正来自

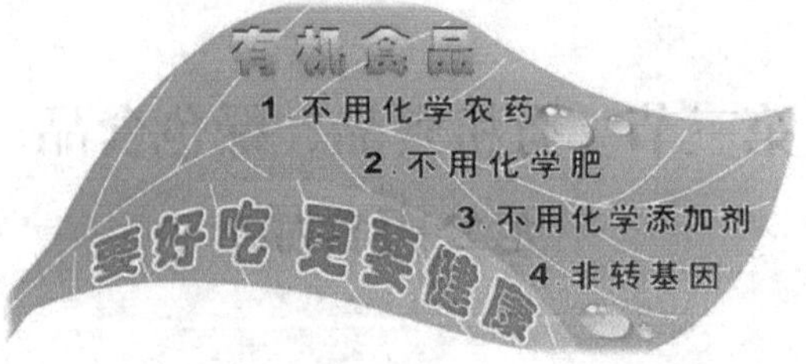

于自然、富营养、高品质和安全环保的生态食品。

（三）有机食品认证要求

有机食品是指来自有机农业生产体系，根据国际有机农业生产要求和相应的标准生产加工的、并通过独立的有机食品认证机构认证的农副产品，包括粮食、蔬菜、水果、奶制品、禽畜产品、水产品、调料等。

（1）生产环节的基本要求

- 生产基地在3年内未使用过农药、化肥等违禁物质
- 种子或种苗来自自然界，未经基因工程技术改造过
- 生产单位需建立长期土地培肥、植保、作物轮作和畜禽养殖计划
- 生产基地无水土流失及其他环境问题
- 作物在收获、清洁、干燥、贮存和运输过程中未受化学物质的污染
- 从常规种植向有机种植转换需2年以上转换期，新垦荒地例外
- 生产全过程必须有完整的记录档案

（2）加工环节的基本要求

- 原料必须是自己获得有机颁证的产品或野生无污染的天然产品
- 已获得有机认证的原料在终产品中所占的比例不得少于95%
- 只使用天然的调料、色素和香料等辅助原料，不用人工合成的添加剂
- 有机食品在生产、加工、贮存和运输过程中应避免化学物质的污染
- 加工过程必须有完整的档案记录，包括相应的票据

（四）有机食品相关的法律法规

国际有机农业和农产品的管理体系和法规主要分为3个层次：联合国层次、国际性非政府组织层次以及国家层次。联合国层次的有机农业和有机农产品标准尚属于建议性标准，是《食品法典》的一部分，是由联合国粮农组织（FAO）与世界卫生组织（WHO）制定的。在整个标准的制定过程中，中国作为联合国的成员也参与了制定。具体内容包括了定义、种子与种苗、过渡期、化学品使用、收获、贸易和内部质量控制等内容。此外标准也具体地说明了有机农产品的检查、认证和授权体系。这个标准已为各个成员国制定有机农业标准提供了重要依据。但联合国有机农业标准能否成为强制性标

准还不得而知，一旦其成为强制性标准，就会成为世贸组织仲裁有机农产品国际贸易的法律依据。

（五）如何识别有机食品

有机产品包装上都印有各国有机认证机构的认证标志，您可以通过识别有机标志识别有机产品。常见的有机认证标志有如下几种：

中绿华夏有机认证	中国有机认证	方圆有机认证	中国有机转换认证
五洲恒通有机认证	万泰有机认证	北京陆桥有机认证	澳大利亚有机认证
欧盟有机认证	美国农业部有机认证	德国BCS有机认证	国际有机作物改良协会有机认证
澳洲NASAA有机认证	日本JAS有机认证	德国demeter有机认证	瑞士IMO有机认证

（六）有机食品发展前景

中国的有机食品正处在快速发展时期，但主要用于出口。因为有机食品在国际市场上比较热，出口利润也相对较高，许多生产企业更倾向于出口。中国有机食品行业要发展，政府要在政策、经济方面大力扶持，企业要抓住机遇，转变观念，发挥自身优势，切实解决有机食品生产技术的难题，开拓国内国际市场。在“十一五”期间，中国政府有关部门将按照“引导、规范、培育、监督”的职责定位，大力促进有机食品产业的发展。中国有机食品产业潜力大，市场前景好，发展有机食品产业是防治农村、农业污染的最好方式，国家有关部门将加大扶植力度，制订产业发展规划。全球有机食品市场正在以年均20%至30%的速度增长。与此同时，国际市场对中国有机产品的需求也在逐年增加，中国的有机稻米、蔬菜、茶叶、杂粮等农副产品和山茶油、核桃油、蜂蜜等加工产品在国际市场上供不应求。广阔的市场，加上比常规产品高出2~3倍的价格，让越来越多的生产者走上有机生产之路。

二、绿色食品

(一) 定义

绿色食品，是指按特定生产方式生产，并经国家有关的专门机构认定，允许使用绿色食品标志的无污染、无公害、安全、优质、营养型的食品。在许多国家，绿色食品又有着许多相似的名称和叫法，诸如“生态食品”“自然食品”“蓝色天使食品”“健康食品”“有机农业食品”等。

绿色食品®

（二）绿色食品的特点

强调产品出自最佳生态环境。绿色食品生产从原料产地的生态环境入手，通过对原料产地及其周围的生态环境因素的严格监测，判定其是否具备生产绿色食品的基础条件。

对产品实行全程质量监控。绿色食品生产实施“从土地到餐桌”全程质量控制。通过生产前环节的环境监测和原料检测，生产中环节的具体生产、加工操作规程的落实，以及生产后环节产品质量、卫生指标、包装、保鲜、运输、贮藏及销售控制，确保绿色食品的整体产品质量，并提高整个生产过程的标准化水平和技术含量。

（三）绿色食品认证要求

概括地说，可以申请使用绿色食品标志的食品，主要包括粮油、水产、果品、饮料、茶叶、畜禽蛋奶产品等种类。

绿色食品认证程序图

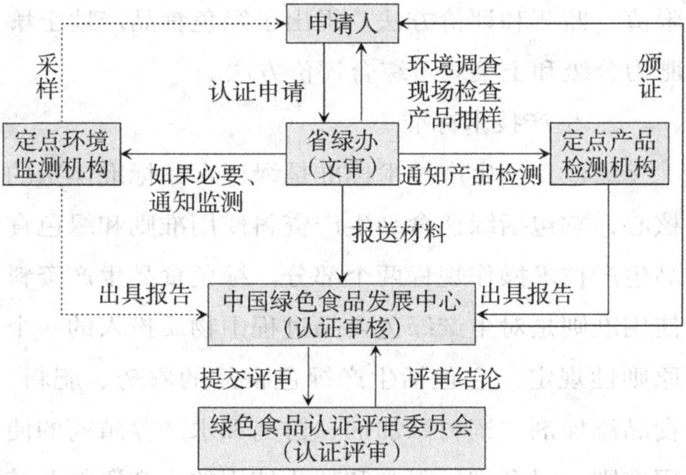

（四）绿色食品相关的法律法规

绿色食品标准是由农业部发布的推荐性农业行业标准（NY/T），是绿色食品生产企业必须遵照执行的标准。绿色食品标准以全程质量控制为核心，由以下6个部分构成：

1. 环境质量标准

绿色食品产地环境质量标准制定这项标准的目的，一是强调绿色食品必须产自良好的生态环境地域，以保证绿色食品最终产品的无污染、安全性；二是促进对绿色食品产地环境的保护和改善。绿色食品产地环境质量标准规定了产地的空气质量标准、农田灌溉水质标准、渔业水质标准、畜禽养殖用水标准和土壤环境质量标准的各项指标以及浓度限值、监测和评价方法。提出了绿色食品产地土壤肥力分级和土壤质量综合评价方法。

2. 生产技术标准

绿色食品生产技术标准是绿色食品标准体系的核心，它包括绿色食品生产资料使用准则和绿色食品生产技术操作规程两个部分。绿色食品生产资料使用准则是对生产绿色食品过程中物质投入的一个原则性规定，它包括生产绿色食品的农药、肥料、食品添加剂、饲料添加剂、兽药和水产养殖药的使用准则，对允许、限制和禁止使用的生产资料及其使用方法、使用剂量等做出了明确规定。绿色食品生产技术操作规程是以上述准则为依据，按作物种类、畜牧种类和不同农业区域的生产特性分别制定的，用于指导绿色食品生产活动，规范绿色食品生产技术的技术规定，包括农产品种植、畜禽饲养、水产养殖等技术操作规程。

3. 产品标准

绿色食品产品标准，此项标准是衡量绿色食品最终产品质量的指标尺度。其卫生品质要求高于国家现行标准，主要表现在对农药残留和重金属的检测项目种类多、指标严。而且，使用的主要原料必须是来自绿色食品产地的、按绿色食品生产技术操作规程生产出来的产品。

4. 包装标签标准

绿色食品包装标签标准，此项标准规定了进行绿色食品产品包装时应遵循的原则，包装材料选用的范围、种类，包装上的标识内容等。要求产品包装从原料、产品制造、使用、回收和废弃的整个过程都应有利于食品安全和环境保护，包括包装材料的安全性、牢固性，节省资源、能源，减少或避免废弃物产生，易回收循环利用，可降解等具体要求和内容。绿色食品产品标签，除要求符合国家《食品标签通用标准》外，还要求符合《中国绿色食品商标标志设计使用规范手册》规定。

5. 贮藏运输标准

绿色食品贮藏、运输标准。此项标准是对绿色食品贮运的条件、方法、时间做出规定，以保证绿色食品在贮运过程中不遭受污染、不改变品质，并有利于环保、节能。

（五）如何识别绿色食品

凡绿色食品产品的包装必须做到：

（1）“绿色食品的四位一体”，即标志图形、“绿色食品”文字、编号及防伪标签。

（2）AA级绿色食品标志底色为白色，标志与标准字体为绿色；而A级绿色食品的标志底色为绿色，标志与标准字体为白色。

（3）“产品编号”正后或正下方写上“经中国绿色食品发展中心许可使用绿色食品标志”文字，英文规范为“Certified Chinese Green Food Product”。

（4）绿色食品包装标签应符合国家《食品安全国家标准 预包装食品标签通则》（GB 7718—2011）。标准中规定食品标签上必须标注以下几方面的内容：食品名称；配料表；净含量或固形物含量；制造者、销售者的名称和地址；日期标志（生产日期、保质期）和储藏指南；质量（品质等级）；产品标准号；特殊标注内容。

同时认清绿色食品标志，绿色食品标志由三部分构成，即上方的太阳、下方的叶片和中心的蓓蕾。标志为正圆形，意为保护。整个图形描绘了一幅明媚阳光照耀下的和谐生机，告诉人们绿色食品正是出自纯净、良好生态环境的安全无污染食品，能给人们带来蓬勃的生命力。绿色食品标志还提醒人们要保护环境，通过改善人与环境的关系，创造自然界新的和谐。

（六）绿色食品发展前景

中国提出发展绿色食品是有现实背景的。首先它顺应了世界食品贸易结构变化。当前世界食品工业正进入一个新的转折时期，即建立温饱时代消费者对食品需求时期。这一时期的特点是世界各国普遍加强了对食品科学研究，重视开发新产品，特别是运用新技术开发新产品。具有高技术含量的食品、无污染食品及保健食品成为20世纪90年代乃至21世纪国际市场最有发展潜力，为广大消费者所喜爱的食品。只要我们精心组织、大力发展生态农业，我国绿色食品开发将有广阔前景。其次，它符合我国的消费国情。近几年来，随着生产的发展，城乡人民收入大幅度提高，我国人民解决了“温饱”直奔“小康”。从食品消费方面看，我国城乡居民的营养水平已接近世界平均水平，其中热量摄入部分已超过国际制定的平均热量摄入水平。公众对食物的要求由数量型转向质量型，并开始关注食品的安全保障问题。由于绿色食品是无污染的安全优质营养食品，这一特征决定了绿色食品的生产开发有巨大的市场潜力。

三、无公害食品

（一）定义

无公害食品，指的是无污染、无毒害、安全优质的食品，在国外称无污染食品、生态食品、自然食品。在我国，无公害食品生产地环境清洁，按规定的技术操作规程生产，将有害物质控制在规定的标准内，并通过部门授权审定批准，可以使用无公害食品标志的食品。

（二）无公害食品特点

无公害食品标准主要包括无公害食品行业标准和农产品安全质量国家标准，二者同时颁布。无公害食品行业标准由农业部制定，是无公害农产品认证的主要依据；农产品安全质量国家标准由国家质量技术监督检验检疫总局制定。无公害食品是指产地环境、生产过程、产品质量符合国家有关标准和规范的要求，经认证合格获得认证证书并允许使用无公害农产品标志的优质农产品或初加工的食用农产品。

（三）无公害食品认证程序

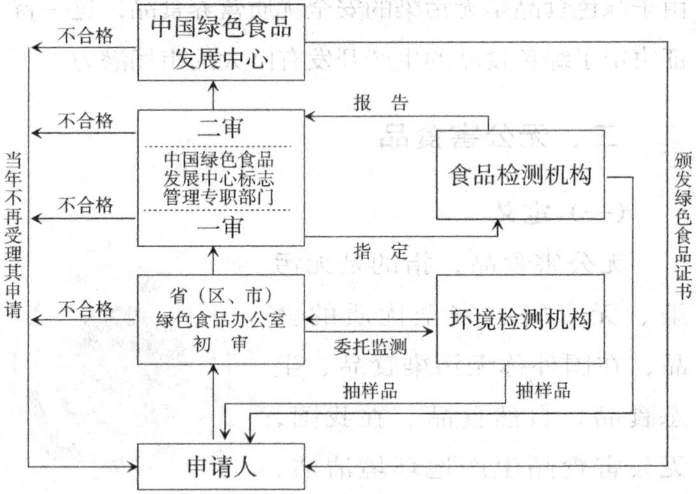

（四）无公害食品相关的法律法规

建立和完善无公害食品标准体系，是全面推进“无公害食品行动计划”的重要内容，也是开展无公害食品开发、管理工作的前提条件。中国农业部2001年制定、发布了73项无公害食品标准，2002年制定了126项、修订了11项无公害食品标准，2004年又制定了112项无公害标准。无公害食品标准内容包括产地环境标准、产品质量标准、生产技术规范和检验检测方法等，标准涉及120多个（类）农产品品种，大多数为蔬菜、水果、茶叶、肉、蛋、奶、鱼等关系城乡居民日常生活的“菜篮子”产品。

无公害食品标准以全程质量控制为核心，主要包括产地环境质量标准、生产技术标准和产品标准3个方面，无公害食品标准主要参考绿色食品标准的框架而制定。

1. 无公害食品产地环境质量标准

无公害食品产地环境质量标准对产地的空气、农田灌溉水质、渔业水质、畜禽养殖用水和土壤等的各项指标以及浓度限值做出规定，一是强调无公害食品必须产自良好的生态环境地域，以保证无公害食品最终产品的无污染、安全性，二是促进对无公害食品产地环境的保护和改善。

2. 无公害食品生产技术标准

无公害食品生产过程的控制是无公害食品质量控制的关键环节，无公害食品生产技术操作规程按作物种类、畜禽种类等和不同农业区域的生产特性分别制订的，用于指导无公害食品生产活动，规范无公害食品生产，包括农产品种植、畜禽饲养、水产养殖和食品加工等技术操作规程。从事无公害农产品生产的单位或者个人，应当严格按规定使用农业投入品。禁止使用国家禁用、淘汰的农业投入品。

3. 无公害食品产品标准

无公害食品产品标准是衡量无公害食品终产品质量的指标尺度。它虽然跟普通食品的国家标准一样，规定了食品的外观品质和卫生品质等内容，但其卫生指标不高于国家标准，重点突出了安全指标，安全指标的制订与当前生产实际紧密结合。无公害食品产品标准反映了无公害食品生产、管理和控制的水平，突出了无公害食品无污染、食用安全的特性。

（五）无公害食品发展前景

21世纪将是一个绿色产品的世纪，随着经济社会的发展和人民生活水平的不断提高及国际环保技术的快速发展，人们对农产品，特别是食用农产品的质量提出了更高要求。安全、无污染的优质农产品成为市场和消费者必需的食品，安全性成为农产品质量标准的重要指标要求，提高农产品质量成为广大消费者的迫切愿望和要求。只有在清洁的农业生态环境中用洁净的生产技术和方式，生产出无公害的清洁营养农产品，才具有商品市场和国际竞争力，才能更好地满足消费者需求。建立无公害农产品生产基地，推广无公害农产品生产技术，对农产品生产区域和流通市场领域实施安全性质量控制，发展无公害农产品生产，不断提高农产品质量，逐步缩小与国际优质农产品质量标准差距，使农产品质量不仅要符合中国标准，而且要符合国际标准或进口国农产品质量标准，才能参与国际农产品市场竞争，扩大农产品市场占有率，促进农业和农村经济快速发展，加快农业产业化进程和农民增收致富步伐，确保人们食用农产品的身体健康。

（六）有机食品、绿色食品、无公害食品3者之间如何区分

有机食品是有机产品的一类，有机产品还包括棉、麻、竹、服装、化妆品、饲料（有机标准包括动物饲料）等“非食品”。我国有机产品主要是包括粮食、蔬菜、水果、畜禽产品（包括乳蛋肉及相关加工制品)、水产品及调料等。

绿色食品是指产自优良生态环境、按照绿色食品标准生产、实行全程质量控制并获得绿色食品标志使用权的安全、优质食用农产品及相关产品。绿色食品认证依据的是农业部绿色食品行业标准。绿色食品在生产过程中允许使用农药和化肥，但对用量和残留量的规定通常比无公害标准要严格。

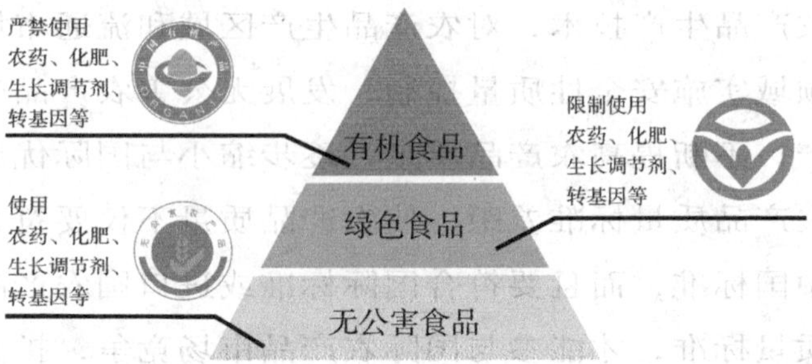

无公害农产品是指产地环境、生产过程和产品质量符合国家有关标准和规范的要求，经认证合格获得认证证书并允许使用无公害农产品标志的未经加工或者初加工的食用农产品。无公害农产品生产过程中允许使用农药和化肥，但不能使用国家禁止使用的高毒、高残留农药。

第四节 保健食品、特殊膳食食品

一、保健食品

（一）定义

保健食品是指声称具有特定保健功能或者以补充维生素、矿物质为目的的食品，即适宜于特定人群食用，具有调节机体功能，不以治疗疾病为目的，并且对人体不产生任何急性、亚急性或者慢性危害的食品。

（二）分类

保健食品，一是提供营养；二是提供增加人体食欲的色、香、味、形；三是调节人体机能。标准规定，保健食品应有与功能作用相对应的功效成分及其最低含量。功效成分是指能通过激活酶的活性或其他途径，调节人体机能的物质，主要包括：

保健食品

国食健字××××××××

（1）多糖类：如膳食纤维、香菇多糖等。

（2）功能性甜味料（剂）：如单糖、低聚糖、多元醇糖等。

（3）功能性油脂（脂肪酸）类：如多不饱和脂肪酸、磷脂、胆碱等。

（4）自由基清除剂类：如超氧化物歧化酶（SOD）、谷胱甘酞过氧化酶等。

（5）维生素类：如维生素A、维生素C、维生素E等。

（6）肽与蛋白质类：如谷胱甘肽、免疫球蛋白等。

（7）活性菌类：如聚乳酸菌、双歧杆菌等。

（8）微量元素类：如硒、锌等。

（9）其他类：二十八醇、植物甾醇、皂苷等。

（三）保健食品与普通食品的区别

共性：都能提供人体生存必需的基本营养物质（食品第一功能），都具特定色、香、味、形（食品第二功能）。

区别：① 保健食品含一定量功效成分（生理活性物质），能调节人体机能，具有特定功能（食品的第三功能）；而一般食品不强调特定功能（食品的第三功能）。② 保健食品一般有特定食用范围（特定人群），而一般食品没有。浓缩（或添加纯度较高的某种生理活性物质），使其在人体内达到发挥作用的浓度，从而具备了食品第三功能。

（四）如何选购保健品

（1）认准正规进口保健食品，有“小蓝帽”，以及保健食品批号如“国食健字J××××××××号”。

（2）国家有明文规定，正规进口保健食品应有标准中外对照标签，且中文字体须大于外文字体。

（3）须提供出入境检验检疫局出具的有效卫生合格证书，并贴有防伪标志。

（4）产地清楚。按规定产品应标明产品的原产国家或地区、代理商在中国依法登记注册的名称和地址。老百姓可利用中英文对照，检查是否标注。

（5）具备基本要素。正规进口保健品一样也须有商标、产品名称、生产日期、安全使用期或有效日期等国产保健品标准要求。

（五）发展前景

随着社会进步和经济发展，人类对自身的健康日益关注。20世纪90年代以来，全球居民的健康消费逐年攀升，对营养保健品的需求十分旺盛。在按国际标准划分的15类国际化产业中，医药保健是世界贸易增长最快的五个行业之一，保健食品的销售额每年以13%的速度增长。

而从20世纪80年代起步的中国保健品行业，在短短十几年时间里，已经迅速发展成为一个独特的产业。保健品产业之所以蓬勃发展，主要原因是人民生活水平明显提高；其次，人民生活方式的改变，是保健品产业发展的重要契机；多层次的社会生活需要，为保健品产业的发展提供了广阔空间。

二、特殊膳食食品

（一）定义

为满足某些特殊人群的生理需要，或某些疾病患者的营养需要，按特殊配方而专门加工的食品。这类食品的成分或成分含量，应与可类比的普通食品有显著不同。特殊膳食用食品需具备两个条件：

（1）某种或某类食品最适宜特定（特殊）人群食用，如婴儿、幼儿、糖尿病患者、严重缺乏某些营养素的人等。这类人群由于生理原因，需要的膳食结构与一般人群的膳食结构有明显区别。

（2）为这类人群制作的食品与可类比的普通食品的营养成分有显著不同，有些营养素含量很低或很高。如无母乳喂养的婴儿需要的婴儿配方乳粉，其营养成分和含量与成年人食用的乳粉有显著不同。两个条件同时具备，才能称为特殊膳食用食品。

（二）分类

特殊膳食用食品的类别主要包括：

1. 婴幼儿配方食品

（1）婴儿配方食品。

（2）较大婴儿和幼儿配方食品。

（3）特殊医学用途婴儿配方食品。

2. 婴幼儿辅助食品

（1）婴幼儿谷类辅助食品。

（2）婴幼儿罐装辅助食品。

3. 特殊医学用途配方食品（特殊医学用途婴儿配方食品涉及的品种除外）。

4. 除上述类别外的其他特殊膳食用食品（包括辅食营养补充品、运动营养食品，以及其他具有相应国家标准的特殊膳食用食品）。

（三）特殊膳食食品与普通食品的区别

1. 特殊膳食用食品

为特殊人群提供特殊营养，即提供特殊的生理和营养成分（无法从日常的普通膳食中摄取）。特膳食品作为现代科技的食补食疗，遵循“调营理卫、医食同源”，借鉴中医药学“君臣佐使”的配方原则，针对特殊人群提供其容易流失和难以获取的特殊且丰富的营养成分，同时调节机体功能，产品代谢负担最低，具有最高的安全性。

特殊膳食食品的原料均来自十几种甚至几十种天然物质的精华，运用先进的微生态和超微滤技术，针对特殊人群，系统地强化或弱化、添加或去除某些成分，为特殊人群提供配比最科学的易流失和难以获取的营养成分。

2. 普通食品

在普通食品中也含有生理活性物质，由于含量较低，在人体内无法达到调节功能的浓度，不能实现功效作用；普通食品不强调特定功能（食品的第三功能），没有特定的食用范围（食用人群）。通过直接食用普通食品不能满足特殊人群的营养需求，同时也带来许多非必需的营养负担（饱和脂肪、糖分等）。此外，普通食品不能满足某些特殊状态群体的消化吸收，存在着较大的代谢负担。

（四）如何选购特殊膳食食品

（1）查看营养成分表标识，这类食品的营养素和（或）其他营养成分的含量与可类比的普通食品有显著不同。

（2）名称中使用“特殊膳食用食品”或相应的描述产品特殊性的名称。

（3）应标示食用食品的适宜人群。

（4）特殊膳食用食品的标签不得标示以下3项内容：对某种疾病有预防、缓解、治疗或治愈作用。

（5）发展前景，随着市民生活水平的提高，以营养保健为主要目的的食品消费成了市民消费的主流，特殊食品的市场需求也在悄然增长。

我国目前正处于重要的发展转型期，与30年前相比，中国人口的消费结构正在发生巨大的变化，人均口粮消费量下降了40%，肉蛋奶的消费量增加了2倍，食用植物油的消费量增加了3倍，中国的公众饮食消费已经从保障数量安全为主转向更加注重营养健康，中国的市场也成为全球最大的营养健康类食品的消费市场。

同时，我国特殊食品市场发展迅猛，据不完全统计，2015年中国保健食品的产值已达4 000多亿元，生产企业2 600多家，婴幼儿配方乳粉企业100余家，产量70多万吨，2016年上半年产量同比增长14.2%。我国将成为全球最大特殊食品消费市场，总体来说，我国拥有全球最大的特殊食品的消费市场，健康需求迫切且多样，市场开发潜力巨大。

第五节 转基因食品

一、定义及分类

转基因食品，就是通过基因工程技术将一种或几种外源性基因转移到某种特定的生物体中，并使其有效地表达出相应的产物（多肽或蛋白质），此过程叫转基因。以转基因生物为原料加工生产的食品就是转基因食品。

（一）根据转基因食品中是否含有转基因源为标准可分为如下3种不同类型：

（1）食品本身不含转基因的转基因食品，是指食品尽管来源于转基因生物，但其产品本身并不会有任何转移来的基因。

（2）转基因食品中确实含有转基因成分，但在加工过程中其特性已发生了改变，转移来的活性的基因不复存在于转基因食品中的转基因食品。

（3）转基因食品中确实带有活性的基因成分，人们食用这种转基因生物或食品后，转移来的基因和生物本身固有的基因均会被人体消化吸收的转基因食品。

（二）根据转基因食品来源的不同可分为如下3种不同类型：

（1）植物性转基因食品。所谓植物性转基因食品，是指以含有转基因的植物为原料的转基因食品。

（2）动物性转基因食品。所谓动物性转基因食品，是指以含有转基因的动物为原料的转基因食品。动物的转基因食品，主要是利用胚胎移植技术培养生长速率快、抗病能力强、肉质好的动物或动物制品。

（3）微生物转基因食品。所谓微生物转基因食品，是指以含有转基因的微生物为原料的转基因食品。转基因微生物食品，主要是利用微生物的相互作用，培养一系列对人类有利的新物种。

（三）根据食品中转基因的功能的不同大致可以分成以下6种类型：

增产型的转基因食品；控熟型的转基因食品；保健型的转基因食品；加工型的转基因食品；高营养型的转基因食品；新品种型的转基因食品。

二、发展历史

1983年，世界上最早的转基因作物（烟草）诞生

↓

1994年，美国孟山都公司研制的延熟保鲜转基因西红柿在美国批准上市

↓

1999年，中国水稻研究所研制的转基因杂交水稻通过了专家鉴定，全世界有12个国家种植了转基因植物，面积已达3990万公顷

↓

1999年，联合国《生物安全议定书》明确赋予各国公众对转基因食品的知情权和选择权

↓

2001年5月，中国政府颁布《农业转基因生物安全条例》

↓

2003年3月20日，与该条例配套的《农业转基因生物标识管理办法》等3个法规正式施行，要求对大豆、玉米、油菜类转基因食品必须进行转基因标识，否则不得进口和销售

三、主要作用

增产	农作物增产与其生长分化、肥料、抗逆、抗虫害等因素密切相关，故可转移或修饰相关的基因达到增产效果。
控熟	通过转移或修饰与控制成熟期有关的基因可以使转基因生物成熟期延迟或提前，以适应市场需求。
提高营养	从改造种子贮藏蛋白质基因入手，使其表达的蛋白质具有合理的氨基酸组成。已培育成功的有转基因玉米、土豆等。
保健	通过转移病原体抗原基因或毒素基因至粮食作物或果树中，人们吃了这些粮食和水果，相当于在补充营养的同时服用了疫苗，起到预防疾病的作用。
增加新品种	通过不同品种间的基因重组可形成新品种，由其获得的转基因食品可能在品质、口味和色香方面具有新的特点。

四、安全隐患

（一）毒性问题

一些研究学者认为，对于基因的人工提炼和添加，可能在达到某些人想达到的效果的同时，也增加和积聚了食物中原有的微量毒素。

（二）过敏反应问题

对于一种食物过敏的人有时还会对一种以前他们不过敏的食物产生过敏，比如：科学家将玉米的某一段基因加入核桃、小麦和贝类动物的基因中，蛋白质也随基因加了进去，那么，以前吃玉米过敏的人就可能对这些核桃、小麦和贝类食品过敏。

（三）营养问题

科学家们认为外来基因会以一种人们还不甚了解的方式破坏食物中的营养成分。

（四）对抗生素的抵抗作用

当科学家把一个外来基因加入植物或细菌中去，这个基因会与别的基因连接在一起。人们在服用了这种改良食物后，食物会在人体内将抗药性基因传给致病的细菌，使人体产生抗药性。

（五）对环境的威胁

在许多基因改良品种中包含从杆菌中提取出来的细菌基因，这种基因会产生一种对昆虫和害虫有毒的蛋白质。如在实验中，一种蝴蝶的幼虫在吃了含杆菌基因的马利筋属植物的花粉之后，产生了死亡或不正常发育的现象，这引起了生态学家们的另一种担心，那些不在改良范围之内的其他物种有可能成为改良物种的受害者。

五、如何选购

面对转基因食品不确定的风险，很多国家都采取了标识的预防措施，对转基因食品进行标识。

欧盟15国采取了强制性的标识制度，转基因成分的含量超过0.9%必须要标识。转基因产品在货架上的食品上面标签要讲清楚基因的供体、受体、载体是什么，可以跟踪、追踪。

澳大利亚、新西兰也要求实施标签。韩国从2001年3月开始标签。

我国根据卫生部颁布的《转基因食品卫生管理办法》，食品产品中含有转基因成分的，要在包装上标明“转基因标识”。

六、发展前景

转基因食品的发展前景在利弊的争论中扑朔迷离，这并不是转基因食品独有的现象。历史上技术产品的形成和发展过程中，任何技术产品的形成与发展方向都不可避免地要受到社会因素的影响。社会需求引导了它的出现，它在社会生产、生活中的应用推动了它的发展，不同社会群体之间相互争论的结果决定了它的演变方向，随着科学技术的发展，科学技术越来越明显地成为社会大系统的有机组成部分，它与整个社会大系统及其子系统之间的复杂联系与相互作用也变得越来越突出。

社会对转基因食品的需求是存在的，它承负着缓解饥饿与贫穷，改善生活质量，提高生活水平的任务。虽然不同国家、不同利益群体之间的争执一时难以调和，但随着科技的发展可能找到一个令全球达成共识的平衡点，它也可能日益完善。

（周长民）

第二章 食品安全监管

食品产业发展迅速，截至“十二五”末，全国食品生产企业有13.5万家、流通企业819万家、餐饮服务企业348万家。随着食品行业的发展和人们对食品安全的日益关注，如何加强食品监管、提高食品质量是摆在监管部门面前的重点工作，尽管监管部门在不断提高监管力度，但近年来不时有食品安全事件发生，如何避免食品安全事件的发生？我国的食品安全是如何管理的？本章节将介绍我国食品安全的管理体系，我国食品质量状况，食品安全方面有什么具体的法律法规，我国正在实施的国家食品安全示范城市评价是怎么回事，遇到食品安全问题如何投诉解决等内容。

第一节　法律法规

我国的食品安全法律体系主要由法律、法规、规章、标准4个层次组成，涉及农、牧、渔等各个方面，随着2015年4月24日发布的新版《中华人民共和国食品安全法》在同年10月1日正式实施，我国更加完善了“从农田到餐桌”的全链条食品安全法律体系。

一、我国食品安全法律体系的历史沿革

在中华人民共和国成立之初，由于刚刚经历了抗日战争、解放战争以及抗美援朝等一系列战事，我国的民生受到极大的影响。原载1983年7月1日的《人民日报》称，在此后的相当一段时间中，“由于受经济发展水平的限制，人们首先考虑到的是吃饱饭，对于吃的东西是否卫生标准，相对来说就考虑得少了一些”。

但随着曝光出来的供应志愿军牛肉以次充好、食品中过量使用糖精等事件之后，我国开始逐步颁布实施了一系列卫生要求及添加剂的使用规定。1965年8月18日，由国务院批准实施了《食品卫生

管理条例》正式确立建立包括食品、食品原料、食品添加剂（当时还称为食品附加剂）、食品包装材料的卫生标准及检验方法。明确将食品标准分为食品卫生标准和食品产品标准的标准分类体系，很多一直沿用至今。1979年8月28日由国务院颁布进一步修订的《食品卫生管理条例》并冠以《中华人民共和国食品卫生管理条例》，细化了食品卫生标准，将其分为国家标准、部颁标准和地区标准。

1982年，在食品安全法律体系的建立历史中是具有里程碑意义的一年。在11月19日第五届全国人民代表大会常务委员会第二十五次会议上，通过了我国食品安全法律体系中第一部法律层面的立法——《中华人民共和国食品卫生法（试行）》（以下简称《食品卫生法》），后在1995年10月30日修订后颁布了其正式版本。其后近三十年的时间中，食品从生产、加工、贮存到运输、销售等各个环节都以其规定为准绳建立了相应的标准体系。食品市场秩序的规范化建设，降低了食源性疾病的发病率，显著提高了食品安全水平。有数据显示，在《食品卫生法》实施后与实施前对比，食品卫生监测合格率显著提高，食物中毒发生数量和中毒人数都呈明显的下降趋势。

但《食品卫生法》也有其局限性，由于当时的部门设置等历史原因，离百姓餐桌最近的初级农产品并未包含在内，所以，2006年上半年，《中华人民共和国农产品质量安全法》在十届全国人大常委会第二十一次会议上审议通过，并将于2006年11月1日起施行。正是这部《农产品质量安全法》的颁布和实施，才从根本上完善了“从农田到餐桌”的食品安全法律体系。

这个阶段，整个食品市场呈现出一片欣欣向荣之势，而正是这种开放的市场化的经营体系使之与食品卫生管理理念下的食品标准法律制度产生了很多彼此不相适应的问题。例如在2007年沈阳发生的“毒黄花菜”事件中，根据农业部《无公害脱水蔬菜标准》规定，其二氧化硫残留量是不得超过100毫克/千克的，而根据卫生部关于干菜类食品的卫生标准的规定，黄花菜的含硫量不能超过0.035毫克/千克，这暴露出食品卫生标准、食用农产品质量安全标准、食品质量标准、食品营养标准等之间的交叉、重复与矛盾等问题。生产经营者在这其中往往为追求利润更大化，保证产品的品相更佳，而选择更为宽松的执行标准。《人民日报》曾发表社论指出，“如果食品受到了污染，给人民带来了危害，发展食品生产还有什么意义呢？社会主义生产的目的是满足人民的需要，决不能离开人民的利益去考虑增加产量和利润”。

而后陆续发生的“红心鸭蛋”苏丹红事件、“毒奶粉”三聚氰胺事件、“吊白块”面粉增白剂等食品安全事件，则反映出我国食品标准总体指标水平较低，内容不完备，相应的法律法规体系的罚责较轻，违法者的违法成本太低，同时也反映出我国的食品标准未能真正将风险分析、防控作为制定食品标准的科学基础等共性问题。

经历了一系列的风波后，在全球食品安全监管的影响下，2004年起由国务院牵头进行的《食品卫生法》修订最终在2009年发生了根本性的改变。2月28日，颁布实施了《食品安全法》，这部立法从根本上重新定义了我国的食品法律体系，将其上升

为“食品安全”的范畴，而不仅仅局限在“食品卫生”的范畴。从法制上保障食品安全，保障民众饮食健康和生命安全。将食品标准上升为“食品安全标准”，并对其制定原则、标准性质、标准内容、制定程序等内容加以系统规定。根据WHO发布的《加强国家级食品安全性计划指南》中的解说，“食品安全”是指“对食品按其原定用途进行制作和食用时不会使消费者受害的一种担保”，它与“为确保食品安全性和适合性在食物链的所有阶段必须采取的一切条件和措施”的“食品卫生”定义是一种根本上的不同。所以自2010年起，由卫生部（后整合为国家卫生与计划生育委员会）牵头成立了第一届食品安全国家标准审评委员会，对所有的食品标准进行清理、整合与安全标准化，逐步将1965年版《食品卫生管理条例》建立的食品卫生标准和食品产品标准二分的标准分类体系整合为统一的食品安全标准。

同时对于食品相关的《中华人民共和国产品质量法》《中华人民共和国农产品质量安全法》《中华人民共和国农业法》《消费者权益保护法》《种子法》《标准化法》等同步修订，加之《刑法》中对于食品安全事件的相关规定，建立健全了我国食品安全法律的主导体系。

2015年10月1日，新修订的《中华人民共和国食品安全法》正式实施，对于食品安全与风险监测评估制度及食品标签标识制度等做了完善，在中国食品安全立法上又迈出了坚实可靠的一步。

二、2015版《中华人民共和国食品安全法》的重要意义

2015年新修订的《食品安全法》最大的变化是“新”和“严”两个方面。经两次审议、三易其稿，内容相较2009年版本新增了50余条，对现有70%的条文进行了实质性的修订，新增了一些重要的理念、制度、机制和方式。在食品安全总体思路上提出了“预防为主、风险防范”“建立最严格的过程监管制度”“建立最为严格的法律责任制度”“社会共治”等基本要求，认真贯彻了中共中央的四个“最严”的要求，按照最严厉的处罚、最严肃的问责，加大了对各类违法行为的惩处力度。并从刑事责任优先、违法行为责任明确划分、处罚力度加大等各个方面增加管控力度。对婴幼儿配方乳粉、农药使用、保健食品、特殊医学用途配方食品等较受争议的五大核心问题，新版《食品安全法》也做出了相应修订。这些修订对防止、控制和消除食品污染以及食品中有害因素对人体的危害，预防

和减少食源性疾病的发生，保证食品安全，保障人民群众身体健康和生命安全，增强人民群众体质，将持续发挥重要作用。

三、发达国家的食品安全法律体系

欧盟、美国、日本等西方发达国家基本上都建立健全了全链条的涵盖所有食品及其生产经营者的法律标准体系。欧盟于2002年颁布《欧盟食品安全基本法》，后在2004年将原有的食品安全相关法规进行整合，重新制定了统一的食品安全法规。美国则在1906年颁布其第一部与食品有关的法律——《食品和药品法》，此后美国先后制定和修订了35部与食品安全有关的法律法规。我们的近邻日本对于食品安全也同样十分重视，其颁布实施的《食品卫生法》和《农药取缔法》等对于违法违规行为处罚十分严厉，如违反农药使用规定，依据情节程度，可能会处以30万至1亿日元罚款。

而标准体系方面，目前国际上最重要的应该就是由国际食品法典委员会（CAC）和国际标准化组织（ISO）制定的食品安全国际标准，这些标准在全世界范围内被广泛使用。发达国家在此基础上，也同时各自建立了自己的标准体系，如欧盟及其成员国的食品安全标准体系中既有要求各成员国都必须执行的强制标准，也有各成员国可自愿选择执行的技术标准；而美国和日本与我国的食品安全标准体系类似，分为国家标准、行业标准、企业标准3个层次。

四、我国目前现行有效的食品行业常用法律法规

法律主要有：

《中华人民共和国食品安全法》

《中华人民共和国产品质量法》

《中华人民共和国农产品质量安全法》

《中华人民共和国农业法》

《中华人民共和国标准化法》

法规主要有：

《中华人民共和国食品安全法实施条例》

《中华人民共和国标准化法实施条例》

《食品生产许可管理办法》

《食品经营许可管理办法》

《关于加强食品等产品安全监督管理的特别规定》

《食品添加剂生产监督管理规定》

《食品标识管理规定》。

规章主要有：

《食品药品监管总局关于印发食品经营许可审查通则（试行）的通知》《总局关于印发食品生产许可审查通则的通知》《国家食品药品监督管理总局关于公布食品生产许可分类目录的公告》《食品生产经营日常监督检查管理办法》《总局关于印发食品生产经营日常监督检查有关表格的通知》《网络食品安全违法行为查处办法》《食品药品投诉举报管理办法》《总局关于印发食品生产经营风险分级管理办法（试行）的通知》《总局关于印发食品安全信用信息管理办法的通知》《食品召回管理办法》《定量包装商品计量监督管理办法》《食品生产加工企业落实质量安全主体责任监督检查规定》《进出口食品安全管理办法》《进出口食品添加剂检验检疫监督管理工作规范》《出口食品生产企业备案管理规定》《食品添加剂新品种管理办法》《食品相关产品新品种行政许可管理规定》《食品相关产品新品种申报与受理规定》《食品相关产品新品种公告内容》《保健食品注册与备案管理办法》《保健食品生产许可审查细则》《婴幼儿配方乳粉产品配方注册管理办法》《特殊医学用途配方食品注册管理办法》《新食品原料安全性审查管理办法》《餐饮服务食品安全监督管理办法》《食品安全国家标准

管理办法》《食品安全风险评估管理规定（试行）》《食品安全风险监测管理规定（试行）》《食品安全信息公布管理办法》《国家食品安全事故应急预案》等。

（杨文奇）

第二节 食品安全监管体系

2017年1月，习近平总书记对食品安全工作做出重要指示：民以食为天，加强食品安全工作，关系我国13亿多人的身体健康和生命安全，必须抓得紧而又紧。习近平强调各级党委和政府及有关部门要全面做好食品安全工作，坚持最严谨的标准、最严格的监管、最严厉的处罚、最严肃的问责，增强食品安全监管统一性和专业性，切实提高食品安全监管水平和能力，强调要加强食品安全依法治理，加强基层基础工作，建设职业化检查员队伍，提高餐饮业质量安全水平，加强从“农田到餐桌”全过程食品安全工作，严防、严管、严控食品安全风险，保证广大人民群众吃得放心、安心。

一、食品安全监管体系的形成

2013年3月22日，国家食品药品监督管理总局正式挂牌，在整合监管职责基础上组建的国家食品药品监管总局。

根据《国务院机构改革和职能转变方案》，新组建的国家食药监总局定职能、定机构、定人员编制的“三定”方案获国务院批准，正式印发。将国务院食品安全委员会办公室以及国家食品药品监督管理局的职责、国家质量监督检验检疫总局的生产环节食品安全监督管理职责、国家工商行政管理总局的流通环节食品安全监督管理职责加以整合，组建国家食品药品监督管理总局。主要职责是，对生产、流通、消费环节的食品安全和药品的安全性、有效性实施统一监督管理等。将工商行政管理、质量技术监督部门相应的食品安全监督管理队伍和检验检测机构划转食品药品监督管理部门。保留国务院食品安全委员会，具体工作由国家食品药品监督管理总局承担。国家食品药品监督管理总局加挂国务院食品安全委员会办公室牌子。同时，不再保留国家食品药品监管局和单设的食品安全办。

为做好食品安全监督管理衔接，明确责任，方案提出，新组建的国家卫生和计划生育委员会负责食品安全风险评估和食品安全标准制定。农业部负责农产品质量安全监督管理。将商务部的生猪定点屠宰监督管理职责划入农业部。国家卫生和计划生育委员会、农业部、食药总局“三位一体”的食品安全监管新架构初步形成。

食品药品直接关系人民群众的身体健康和生命安全。过去，人们通常用“九龙治水”形容食品药品监管现状，由于管的部门太多，出了问题也不知道该找谁。改革后，实现了对生产、流通、消费环节的食品安全和药品的安全性、有效性实施统一监督管理。

二、食品安全的重点工作

近些年，党和政府下了很大气力抓食品安全，食品安全形势不断好转，但存在的问题仍然不少，老百姓仍然有很多期待，必须再接再厉，把工作做细做实，确保人民群众“舌尖上的安全”。

2017年4月，国务院办公厅就2017年食品安全重点工作做出如下安排：

1. 加强食品安全法治建设

完善办理危害食品安全刑事案件的司法解释，推动掺假造假行为直接入刑。

2. 完善食品安全标准

推动食品安全标准与国际标准对接。继续完善食品安全标准体系，制定、修订一批重点急需的重金属污染、有机污染物、婴幼儿配方食品、特殊医学用途配方食品、保健食品等食品安全国家标准及其检测方法。

3. 净化农业生产环境

启动土壤污染状况详查，推动土壤污染防治立法和土壤环境质量标准修订，落实大气、水、土壤污染防治行动计划，开展土壤污染综合防治先行区建设和土壤污染治理与修复技术应用试点。

4. 加强种养环节源头治理

推行良好的农业规范，在规模化生产经营主体落实生产记录台账制度。加强农药兽药安全间隔期、休药期管理。实施高毒农药定点经营、实名购买制度，禁止高毒农药用于蔬菜、瓜果、茶叶、中草药等农作物的生产，分期分批对高毒农药采取禁限用措施。实施兽用处方药管理和兽药二维码追溯制度。加大科学种养技术培训力度，指导农户依法科学合理使用农药、兽药、化肥、饲料和饲料添加剂，严禁使用“瘦肉精”、孔雀石绿、硝基呋喃等禁用物质。

5. 严格监管生产经营过程

推进风险分级制度落地，在风险分级基础上加强日常监督检查，贯彻“双随机、一公开”原则，通过彻查隐患、抽检“亮项”、处罚到人、公开信息，曝光所有违法违规企业，倒逼生产经营者落实主体责任。坚持问题导向，加大专项检查和飞行检查力度，推行检查表格化、抽检制度化、责任网格化，落实日常检查和监督抽检两个责任。对婴幼儿配方乳粉生产企业进行食品安全生产规范体系检查。在大型食品和食品相关产品生产企业全面推行危害分析和关键控制点（HACCP）体系，鼓励获得认证。推动企业建立食品安全追溯体系。开展放心菜、放心肉超市创建活动，督促食用农产品批发市场、网络第三方平台开办者落实食品安全管理责任。鼓励有条件的地方对小摊贩、小餐饮实行集中规范管理。加强食品相关产品生产企业监管，规范标识标注。严格实施进口食品境外生产企业注册，加强对已注册企业事中事后监管。

6. 严密防控食品安全风险

组织实施国家食品安全风险监测计划，加大风险监测评估力度。推进部门间、地区间风险监测、评估和监督抽检信息共享，用好互联网、大数据，加强风险监测结果通报与会商研判，为风险防控提供技术支持。

7. 促进食品产业转型升级

深入实施农业标准化战略，突出优质、安全和绿色导向，严格无公害农产品、绿色食品、有机农产品和农产品地理标志（“三品一标”）认证，以及良好农业规范认证，围绕市场需求调整农产品种养结构。（农业部、质检总局按职责分工负责）出台促进食品工业健康发展的指导意见，推进食品工业结构调整和转型升级。打造食品加工产业集群，引导食品加工企业向主产区、优势产区、产业园区集中，加大技术改造支持力度，促进食品工业增品种、提品质、创品牌。

8. 严厉打击食品安全违法犯罪

保持高压震慑态势，加大监督检查频次，严惩食品安全违法犯罪行为。重拳整治非法添加、超范围超限量使用添加剂、滥用农药兽药等农业投入品、制假售假、私屠滥宰等违法行为。所有食品安全违法行为均应追究到人，并向社会公开被处罚人的信息。建立健全重大违法犯罪案件信息发布制度，控制产品风险和社会风险，保障公众知情权。

9. 建立统一权威的食品安全监管体制

完善食品药品安全监管体制，加强统一性、专业性和权威性，充实基层监管力量。实行综合执法的地方，要把食品药品安全监管作为首要职责。

10. 加强食品安全基础和能力建设

增强食品安全监管统一性和专业性，切实提高食品安全监管水平和能力。落实“十三五”国家食品安全规划，将规划实施情况纳入对省级人民政府的考评内容。建立规划实施情况年度监测评估机制，各相关部门要制定具体实施方案。加强基层食品安全和农产品质量安全的监管机构与技术机构能力建设，推动实现业务用房、执法车辆、执法装备配备标准化。强化各级公安机关食品药品犯罪专业侦查力量。加强食品安全和农产品质量安全检验机构管理。加强食品相关产品检验检测能力建设。

11. 推动食品安全社会共治

加强食品安全新闻宣传，做好舆论监督，营造良好舆论环境。

三、食品安全监督抽检

我国监督抽检分国家监督抽检、省级监督抽

检、市级监督抽检、区县抽检等4个层级的抽检工作。抽检不合格产品的企业均应按照食品安全法进行相关处罚。自2014年以来，我国食品安全监督抽检制度不断完善。通过实施食品安全抽检计划，以食品安全抽样检验为抓手，以发现食品安全问题为导向，及时发现苗头性、系统性、区域性食品安全风险和问题。实现监督抽检与信息公开、核查处置联动，倒逼生产经营企业落实质量安全主体责任，保障食品安全，促进食品产业有序健康发展。

国家食药总局《食品安全抽样检验管理办法》第三十九条规定，“食品生产经营者收到监督抽检不合格检验结论后，应当立即采取封存库存问题食品，暂停生产、销售和使用问题食品，召回问题食品等措施控制食品安全风险，排查问题发生的原因并进行整改，及时向住所地食品药品监督管理部门报告相关处理情况。食品生产经营者不按规定及时履行前款规定义务的，食品药品监督管理部门应当责令其履行”。

可见，作为食品安全监督抽检的基础性工作，食品安全抽样检验已然成为食品安全监管部门防控食品安全风险、实现科学监管的重要手段。而食品检验机构出具的监督抽检不合格检验结论，则为食品安全监管部门对食品生产经营者采取行政强制措施、进行行政处罚提供重要依据。

（一）全国近三年国家抽检批次及不合格率

2015年食品药品监管总局在全国范围内组织抽检了17.23万批次食品样品，其中检验不合格样品5 541批次，样品合格率为96.8%，比2014年升高2.1%。

2016年食品安全抽检计划涵盖33大类食品、129个食品品种、200个食品细类，共安排抽检129.33万批次。大部分抽检集中在食用农产品，其中的食品抽检25.7万，样品合格率为96.8%。

2017年食品安全抽检计划涵盖33大类食品、132个食品品种、203个食品细类，共抽检127.59万批次，其中除农产品外抽检23.33万批次样品，总体平均抽检合格率为97.6%。

抽检结果显示：食品安全形势稳中向好。

（二）抽检结果权威发布

2017年1月，食药总局官网发布2016年度国家抽检显示：当前我国食品安全形势总体平稳。

2016年食品药品监管总局在全国范围内组织抽检了25.7万批次食品样品，总体抽检合格率为

96.8%，与2015年持平，比2014年提高2.1个百分点。一是大宗日常消费品抽检合格率总体保持较高水平，粮食加工品为98.2%，食用油、油脂及其制品为97.8%，肉、蛋、蔬、果等食用农产品为98.0%，乳制品为99.5%。二是社会关注度较高的婴幼儿配方乳粉共抽检2 532批次，其中有0.9%的样品不符合食品安全国家标准，0.4%的样品符合国家标准但不符合产品包装标签明示值。三是1 299家大型生产企业的18 030批次样品和19家大型经营企业集团2 949个门店的30 599批次样品的合格率分别为99.0%和98.1%，比总体合格率分别高出2.2和1.3个百分点。

特别是从2014至2016年的抽检情况看，调味品、饮料、水果制品、蛋制品、水产制品、淀粉及淀粉制品、豆制品、保健食品和食品添加剂等9类的抽检合格率逐年升高。一些社会关注度较高的品种和指标，如乳制品和婴幼儿配方食品中的三聚氰胺、小麦粉中的黄曲霉毒素B_1、蛋制品中的苏丹红等，三年抽检样品均全部合格；花生油中的黄曲霉毒素B_1、水果干制品中的菌落总数、餐饮自制发酵面制品中的甜蜜素等抽检合格率逐年提高。

2016年抽检中，不合格产品中主要问题有：一是超范围、超限量使用食品添加剂，占不合格样品的33.6%；二是微生物污染，占不合格样品的30.7%，其中因致病性微生物导致的不合格样品占此类不合格的25.6%；三是质量指标不符合标准，占不合格样品的17.5%；四是重金属等元素污染，占不合格样品的8.2%；五是农药兽药残留不符合标准，占不合格样品的5.5%；六是生物毒素污染，占不合格样品的1.1%；七是检出非食用物质，占不合格样品的0.7%；八是其他问题，占不合格样品的2.7%。

导致这些问题的原因主要有：一是源头污染，包括土壤、水源等环境污染导致重金属和有机物在动植物体内蓄积，农药兽药、农业投入品的违规使用导致农药兽药残留等超标；二是生产经营过程管理不当，比如生产、运输、贮存等环节的环境或卫生条件控制不到位，生产工艺不合理，出厂检验未落实等；三是当前基层监管人员总体能力水平与监管任务在一定程度上存在不适应。针对抽检发现的问题，食品药品监管总局组织各地食品药品监管部门对不合格食品及其生产经营单位及时采取处置措施，2016年共处置生产经营单位9 264件次，罚没总额达1.2亿元，下架封存不合格食品428.2吨、召回326.9吨。食品安全监督抽检和处置信息由各级食品药品监管部门按照规定向社会公布。

2016年各类食品监督抽检结果汇总表

序号	食品种类	抽检项目/项	抽检数量/批次	合格样品/批次	不合格样品/批次	抽检样品合格率（%）
1	粮食加工品	39	29 473	28 945	528	98.2
2	食用油、油脂及其制品	20	8 841	8 646	195	97.8
3	调味品	47	16 563	16 093	470	97.2
4	肉制品	34	13 866	13 583	283	98.0
5	乳制品	46	3 318	3 303	15	99.5
6	饮料	87	23 456	22 346	1110	95.3
7	方便食品	25	3 042	2 867	175	94.2
8	饼干	28	2 384	2 249	135	94.3
9	罐头	37	3 956	3 886	70	98.2
10	冷冻饮品	20	1 138	1 073	65	94.3
11	速冻食品	32	6 088	6 058	30	99.5
12	薯类和膨化食品	31	3 313	3 202	111	96.6
13	糖果制品	22	5 539	5 447	92	98.3
14	茶叶及相关制品	27	11 450	11 342	108	99.1
15	酒类	26	12 702	12 127	575	95.5
16	蔬菜制品	34	10 979	10 525	454	95.9
17	水果制品	29	6 995	6 625	370	94.7

续表

序号	食品种类	抽检项目/项	抽检数量/批次	合格样品/批次	不合格样品/批次	抽检样品合格率（%）
18	炒货食品及坚果制品	19	7 255	6 946	309	95.7
19	蛋制品	12	2 021	2 013	8	99.6
20	可可及焙烤咖啡产品	4	211	211	0	100.0
21	食糖	15	2 166	2 071	95	95.6
22	水产制品	36	6 358	6 085	273	95.7
23	淀粉及淀粉制品	20	2 383	2 291	92	96.1
24	糕点	30	26 072	24 345	1727	93.4
25	豆制品	30	5 408	5 294	114	97.9
26	蜂产品	26	2 802	2 696	106	96.2
27	保健食品	6	4 268	4 185	83	98.1
28	婴幼儿配方食品	61	2 532	2 500	32	98.7
29	特殊膳食食品	45	707	677	30	95.8
30	餐饮食品	97	7 870	7 707	163	97.9
31	食用农产品	208	23 003	22 540	463	98.0
32	食品添加剂	27	1 290	1 288	2	99.8

注：1. 保健食品按备案产品质量标准检验。2. 食用农产品包括畜禽肉及副产品、水产品、鲜蛋、蔬菜、水果类、豆类。

为贯彻落实习近平总书记“严防严管严控食品安全风险，保证广大人民群众吃得放心安心”的重要指示精神，2017年总局将继续组织全国食品药品监管部门全面推进抽检工作。一是坚持靶向性原则，以重点区域、重点品种、重点项目和大型企业为核心目标，国家、省、市、县四级靶向重点各有侧重，特别是加大对农药兽药残留、重金属及环境污染等因素引起的食品安全问题和与人民群众紧密相关的餐饮食品的抽检力度和频次。二是坚持全覆盖原则，点面兼顾，逐步实现区域、企业、品种、项目、环节及业态的全覆盖。三是坚持计划性抽检与专项抽检相结合原则，根据社会反映较为突出、节令性和突发性等需要，及时有效组织专项抽检。四是坚持抽检效能与质量并重原则，针对抽检工作质量、专项整治工作效果和区域食品安全状况等，探索组织开展食品安全评价性抽检工作。同时，加强经营环节食用农产品监督抽检工作，通过建立集中交易市场档案，明确辖区风险品种和风险项目清单，及时通报、公布抽检结果，追溯不合格产品的来源和流向等举措，进一步促进食用农产品安全。

第三节　国家食品安全示范城市

食品安全事关群众身体健康和生命安全，十八届五中全会关于国家“十三五”规划的建议，将食品安全纳入健康中国建设，提出：实施食品安全战略，形成严密高效、社会共治的食品安全治理体系，让人民群众吃得放心。食品安全被提到了一个新的高度。这充分体现了党中央、国务院心系民生的情怀，也反映了党中央国务院坚决依法治理食品安全，严厉打击食品安全领域违法犯罪，确保群众饮食安全的决心和信心。

创建国家食品安全城市是推动食品安全工作的重要举措，创建工作已经成为当前全国食品安全工作越来越重要的抓手和平台。

一、创城工作申请情况

国务院食品安全委员会办公室部署开展国家食品安全示范城市创建行动工作，根据《国家食品安全示范城市评价管理办法》和《国家食品安全示范城市标准》，经过初评、推荐、第三方机构综合评议确定食品安全示范城市。

国家食品安全示范城市创建试点工作于2014年正式启动。三年来，全国已有67个城市分三批参加了创建试点工作。据悉，在国家“十三五”期间，试点城市将扩大到100个。

第一批试点城市：2017年6月28日，第一批试点城市经过近3年的创建，通过了省级层面初评推荐和国家层面公示评议，具备国家食品安全示范城市命名资格。经国务院食品安全委员会同意，命名河北省石家庄市、唐山市、张家口市，山东省济南市、青岛市、潍坊市、烟台市、威海市，湖北省武汉市、襄阳市、宜昌市，陕西省西安市、宝鸡市、杨凌示范区、韩城市等四个省份的15个城市为“国家食品安全示范城市”。

第二批试点城市：第二批申请国家食品安全示范城市的大连、长春、沈阳、南京、杭州、宁波、福州、厦门、深圳、长沙、成都、北京、上海、天津、广州等15个试点城市，2016年12月完成第二批试点城市创建中期绩效评估情况，日前，已进入到最后攻坚阶段。

第三批试点城市：2016年6月，《国务院食安办关于开展第三批国家食品安全城市创建试点工作的通知》（食安办函〔2016〕23号文件中公布，国务院食安办决定在山西太原等37个城市开展第三批创建国家食品安全城市试点工作。

通过政府部门、企业主体和社会各界“三位一体”整体联动，食品安全示范创建地区社会共治格局初步形成，公众食品安全知晓率不断提升，创建参与度和支持率继续攀升，国家食品安全示范城市品牌效应初步显现。消费者问卷调查结果显示，95%的受访群众支持创城，75%的受访群众支持把群众满意作为衡量标尺，创建工作得到社会初步认可。

二、创城评价的标准及解读

2017年，创建国家食品安全城市评比的依据是《国家食品安全示范城市评价与管理办法（暂行）》和《国家食品安全示范城市标准（2017版）》等5个文件进行，国家食品药品监督管理总局阶段性对管理办法和标准组织修订。

国家食品药品监管总局规划财务司对国务院食品安全办公室出台的《国家食品安全示范城市评价与管理办法（暂行）》（以下简称《办法》）和《国家食品安全示范城市标准（2017版）》（以下简

称《标准》）进行了解读。

《办法》解读——

关键词：核心、规则、流程

把握创建工作的核心坚持以人民为中心的发展理念，遵循政府主导、社会参与的原则，促进落实属地管理责任，创新监管机制，强化监管措施，推动社会共治，提升食品安全保障水平和人民群众的满意度。

遵循创建工作的规则　规则包括标准和细则。对各地制定的细则的要求：一是细则要细，要紧扣标准细化，将39项标准向下细化，原则上不再增加新的项目，要紧盯问题细化，要能解决问题，要能落实；二是细则分值要量化，用数据说话；三是细则考评要科学，多采用随机抽查或倒查的测评方法，不要过多地依靠看文件、看资料、听汇报；四是对社会公示反映的问题，要有具体有效的解决方案。

执行创建工作的流程　流程分试点创建、省级层面初步推荐、国家层面公示评议、国家授牌命名4个阶段。在试点创建阶段，创建期满要及时申请，如果创建城市自认为还没有把握，可不申报。在省级层面初步推荐阶段，组织者为省级食品安全委员会，地方政府领导要牵头主抓；要建立由省食品安全办公室牵头、各部门参加、第三方机构参与的初评工作组和专家库，要有代表性，做到公正、公平、公开；满意度调查必须由第三方机构组织开展，样本量、抽样方法、调查方法、调查问卷、统计方法等要符合有关调查专业标准和规范，由统计局城调队调查也可以。对纳入推荐名单的城市要按优先次序排队。

《标准》解读——

关键词：否决项、关键项、基本项、鼓励项

标准和细则分值　关键项+基本项的分值为100分，10个关键项的总分值≥40分，22个基本项的总分值≤60分。4个鼓励项的总分值≤16分。同类项中的各单项分值大体相当，关键项的单项分值>鼓励项的单项分值，关键项的单项分值>基本项的单项分值。总分即关键项+基本项+鼓励项=116分，创建城市的总得分≥90分且未被否决，即符合要求。

否决项　创建标准中3个一票否决的否决项定义如下：重大食品安全事故是按《国家食品安全事故应急预案》的特别重大、重大食品安全事故界定；影响恶劣的食品安全事件是指出现“三鹿奶粉事件”“瘦肉精事件”“福喜事件”等恶性事件；“近3年国家食品安全抽样检验显示本地生产的食品安全状况较好”，是指以国家食品药品监管总局国家评价性抽检数据为准，进行分析对比，合格率应高于全国平均水平，低于全国平均水平的一票否决。

关键项 “党委和政府定期专题研究食品安全工作”是指党委定期专题研究食品安全工作频次不少于每年2次，政府定期专题研究食品安全工作频次不少于每年2次。

“经费保障到位”，要提出具体量化指标，增长幅度高于经常性财政收入增长幅度，以及食品安全检验经费至少能够支持4份/千人口·年的检测样本量。

“后处置工作及时彻底”，只要是国家食品药品监管总局或外地通报的检验不合格的食品，当地监管部门必须及时做好后处置工作，严防已检为不合格的食品流入市场或被消费者继续食用。

基本项 在指标分值设置上，执法车辆配置情况要占该项总分的2/3分值；达到3~4名执法人员/辆车的可得满分，达到6~8名执法人员/辆车的可得一半分，否则不得分。

鼓励项 鼓励项是加分项。对于制度、手段、方式、体制创新的事项，国务院食品安全委员会或食品安全办公室领导批示的，可加分；或国务院食品安全办公室简报专题刊载的，经审核后也可加分。

“市级检验检测机构具备食品微生物、理化、农兽药残留等常规检验检测能力”，一是检验机构要取得中国计量认证（CMA），二是县级检验机构可以是覆盖几个县的区域性检验中心。

附：国家食品安全示范城市标准（2017版）

以下标准应根据考评周期内情况进行综合评定，综合评定得分不低于总分值的90%。

对否决项（共3项），应全部达到，未达到的不予通过。

对关键项（共10项），每项分值占比应不低于总分值的4%。

对鼓励项（共4项），各地应根据实际情况，将其设定为加分项，加分分值不应高于关键项分值。

一、食品安全状况持续良好

（一）近3年未发生重大食品安全事故或影响恶劣的食品安全事件。（否决项）

（二）近3年国家食品安全抽样检验显示本地生产的食品安全状况较好。（否决项）

（三）当地群众食品安全总体满意度达70%。（否决项）

二、“党政同责”落实到位

（四）党委政府高度重视。将食品安全工作纳入当地国民经济和社会发展规划，党委和政府定期专题研究食品安全工作。将食品安全纳入党委政府年度综合目标考核（所占权重不低于3%）、地方党委政府领导班子及领导干部综合考核评价，实施食品安全事故“一票否决”。食品安全综合考核评议优秀，排名全省前列。（关键项）

（五）统一权威监管体制完善。市、县两级独立设置食品安全监管机构，加挂食品安全办牌子，并在乡镇（街道）或区域设立食品安全监管派出机构。食品安全监管事权划分明确，地区、部门食品安全监管事权不存在交叉重复或漏洞盲区。（关键项）

（六）专业执法队伍建设到位。市、县（区）、乡镇（街道）食品安全监管岗位设置与监管人员数量满足监管工作实际需要。（关键项）

（七）经费保障到位。食品安全监管所需的人、财、物投入得到有效保障。食品安全经费纳入财政预算，且增长幅度高于经常性财政收入增长幅度。其中，食品安全检验经费至少能够支持4份/千

人口·年的检测样本量（不含快速检测）。（关键项）

（八）专业执法装备配备达标。市、县（区）、乡镇（街道）监管队伍的办公业务用房、执法车辆、快速检测、执法取证、应急处置、通信交通等执法装备、设施配备达到相应建设标准要求。

（九）专业检验能力建设达标。市、县两级食品安全检验检测机构达到相应建设标准及能力要求。市级检验检测机构具备食品微生物、理化、农兽药残留等常规检验检测能力，能够开展打击假冒伪劣及非法添加的补充检验方法研究及检验检测，为政府部门日常监管和执法提供可靠的技术支持。县级检验检测机构具备对常见食品微生物、农兽药残留等指标的实验室检验能力及定性快速检测能力。市、县检验机构应具备应对常见食品安全突发事件的检验能力。

三、食品安全源头治理有效

（十）农产品质量安全得到保障。食用农产品种植养殖达到《国家农产品质量安全县考核办法》的有关要求，建立起有效的食用农产品产地准出和市场准入制度，种植、养殖、运输过程中违法使用农业投入品等行为得到有效治理。

（十一）集中交易市场管理规范。大型农贸市场、食品批发市场等市场开办者建立并严格实施市场准入、退市和信息通报制度，不合格产品、违法销售行为信息及时公示，并向监管部门报告。

（十二）畜禽屠宰管理规范。严格执行定点屠宰制度，及时查处私屠滥宰行为。屠宰后动物废弃物、病死畜禽等按要求处置，及时查处屠宰、销售病死畜禽、未经检疫合格的食用动物及其产品等违法行为。

（十三）餐厨废弃物集中收集、资源化利用和无害化处理体系基本建立。主城区餐饮服务单位每日产生的餐厨废弃物进入集中收集处置体系，集中收集处置单位定期向社会公示餐饮服务单位的餐厨废弃物收集处置量。及时发现并查处餐厨废弃物以“地沟油”等形式回流餐桌的案件。

（十四）食品产业集约化、规模化水平较高。国家食品相关产业政策得到落实，食品规模化生产和连锁经营、统一配送程度较高。农贸市场等食品集中交易市场分布满足需求，农贸市场建设标准化率较高。

四、监督执法检查全面覆盖

（十五）良好行为规范有效实施。食品安全全程监管机制健全。食品生产经营良好行为规范全面覆盖各类食品生产经营以及互联网销售、网上订餐

等各类业态。（关键项）

（十六）现场检查标准规范。实施标准化现场检查制度，实现现场检查规范化、监管信息公开化。按照风险分类等级确定的现场检查频次，对各类监管对象进行合规性检查、有因检查和飞行检查，实现现场检查全覆盖。（关键项）

（十七）职业化检查员队伍建设到位。按国家统一要求，建立食品安全职业化检查员队伍。（鼓励项）

（十八）监管责任全覆盖。食品安全网格化监管得到全面推行，监管网格划分科学，责任人和目标任务明确。基层协管员、信息员队伍健全，培训、考核及报酬保障制度完善。

（十九）本地行业共性隐患问题得到及时解决。风险隐患排查机制完善，能够通过明察暗访、投诉举报、检验检测等各种手段，主动排查、及时处置非法添加、制假售假等本地出现的各类危害食品安全的行业共性隐患问题。对重点区域、重点食品、重点项目的抽样检验力度较大，监督抽检问题发现率较高。（关键项）

（二十）食品生产加工小作坊和食品摊贩管理规范。食品生产加工小作坊、食品摊贩监管地方性法规明确，监管职责清晰，全面纳入监管范围。对各类食品生产加工小作坊和食品摊贩等制定出台良好的操作规范，明确技术要求。加强政府服务，支持食品生产加工小作坊、食品摊贩等生产经营条件不断改善，引导其进入固定集中区域、规范管理。(关键项)

(二十一) 学校校园及周边食品安全监管到位。建立食品安全办、综治办、教育部门、公安部门、城市管理执法部门、食品监管部门等共同参加的学校校园及周边食品安全综合治理机制。实行食品安全校长负责制，将校园食品安全作为学校安全的重要内容，落实校园食品安全管理的主体责任。将学校校园及周边食品经营者全部纳入监管范围，实行监管全覆盖。

(二十二) 应急处置及时高效。各级各类食品安全应急处置体系、应急预案健全，应急演练定期开展，各类突发事件得到妥善处置，无隐瞒、谎报、缓报食品安全事故的行为。

(二十三) 监管执法信息全面公开。相关监管部门建立并实施食品安全监管执法信息公开制度，确保食品安全检查、抽检、处罚等监管执法信息及时、全面、准确地向社会公开。(关键项)

(二十四) 执行更严格的标准。鼓励试点城市按照发达国家和地区更加严格的食品质量安全标准

体系，对当地食品安全状况开展评估，对照更严格的标准找出差距，有针对性地改进本地食品安全工作。(鼓励项)

五、违法犯罪行为有效控制

(二十五) 后处置工作及时彻底。对本地发现或外地通报的违法行为和问题食品，及时、全面开展上下游责任溯源追查，产品召回、问题食品销毁、责任查处等后处置工作及时彻底。涉嫌犯罪的按照有关规定及时移交公安机关，不得“以罚代刑”。(关键项)

(二十六) 案件协查联动机制健全。跨部门、跨区域的案件协查、信息共享等协调联动机制健全。跨部门、跨区域食品安全违法案件信息通报及时，协查协办有力。

(二十七) 行政执法与刑事司法有效衔接。贯彻落实《食品药品行政执法与刑事司法衔接工作办法》，食品安全监管部门及时移送涉嫌犯罪案件，公安机关依法审查，对有犯罪事实需要追究刑事责任的及时立案侦查。有效建立地区间、部门间食品安全查办联动机制，做好涉案物品检验与认定、办案协作配合、信息共享、涉案物品处置等工作。市、县公安机关设立打击危害食品安全犯罪的专职队伍，或在食品药品监管部门派驻人员，协调推动食品安全犯罪打击工作。

六、企业主体责任落实到位

（二十八）严格执行食品安全标准。严格执行国家食品安全标准，鼓励企业制定并执行比食品安全国家标准或地方标准更严格的企业标准。

（二十九）严格落实相应良好的行为规范。行政区域内规模以上食品生产企业普遍推行良好生产规范，积极应用危害分析与关键控制点体系、食品安全管理体系等先进管理技术。依法应获行政许可方能生产经营的单位，应全部取得许可证件，并持续符合许可条件。

（三十）落实食品安全追溯责任。食品生产经营者全部依法建立并执行食品生产、销售、进货查验、出厂检验等各项记录制度，能够通过记录和查验有效实现追溯。鼓励企业采用信息化手段采集、留存生产经营信息，实行电子追溯。婴幼儿配方乳粉生产经营全面实现电子追溯。

（三十一）从业人员管理制度健全。从业人员全部依法持健康证明并培训合格上岗。规模以上生产经营单位设置食品安全管理机构，明确分管负责人。食品生产经营单位负责人、食品安全管理人员每人每年接受食品安全集中培训不少于40小时。

（三十二）落实集中交易市场的开办者、柜台出租者和展销会举办者食品安全管理责任。集中交易市场的开办者、柜台出租者和展销会举办者依法做好入场食品经营者许可证的审查，严格检查其经营环境和条件，及时制止违法行为并立即报告。依法落实集中交易市场的开办者、柜台出租者和展销会举办者的连带责任。

（三十三）及时依法召回问题食品。对不符合食品安全标准的、有证据证明可能危害人体健康的和生产者认为应当召回的已经上市销售的食品，依法立即召回并停止生产。停止生产经营和召回情况记录完整，有据可查。被召回的食品全部依法采取无害化处理和销毁，未发生召回或销毁的食品流入市场。

七、社会共治格局基本形成

（三十四）食品安全诚信体系健全。政府建立并完善食品安全诚信管理制度，将食品生产经营相关单位、法人、个人的食品安全信用状况全面纳入社会诚信范围，各类食品生产经营者食品安全信用信息全面、准确记录并及时更新，食品安全失信行为在金融、土地、许可等各领域得到联合惩戒。

（三十五）试行食品安全责任保险制度。开展食品安全责任保险试点，保险赔付相关事前事中事

后政策健全，应获赔付的消费者能够及时方便得到赔付。（鼓励项）

（三十六）社会监督渠道畅通。开通网络投诉平台，设立统一的投诉举报电话，保持24小时畅通，并按照法定时限进行回复。设立专项资金，实施有效举报，对符合条件的及时兑现奖金。在当地新闻媒体设立食品安全专栏，定期宣传食品安全科普知识，曝光食品安全典型案件。充分发挥人大代表、政协委员、专家学者、新闻媒体、行业协会代表等社会力量，开展对政府、监管部门履职尽责和企业主体责任落实的监督。

（三十七）完善追偿机制。鼓励地方出台措施，对事实清楚、权利义务关系明确、争议不大的食品安全案件，适用简易民事诉讼程序支持消费者向企业追偿；当地消费者保护组织对较大食品安全案件，通过公益诉讼渠道向企业追偿。（鼓励项）

（三十八）食品安全风险交流及时有效。风险交流机制健全，工作水平较高，能够针对社会上出现的食品安全方面的误区、误解，及时开展科普宣传，促进公众建立正确的风险理念。将食品安全纳入公民法制普及、科普常识、职业技能和学生课堂教育。建立新闻发言人制度，定期召开新闻发布会、新闻通气会、记者招待会，主动发布权威信息，及时解疑释惑。

（三十九）公众认知水平较高。社会公众对食品安全科普知识认知水平较高，对国家食品安全示范城市创建工作普遍知晓并广泛支持。

三、创城工作品牌效应初步显现

通过政府部门、企业主体和社会各界“三位一体”整体联动，食品安全示范创建地区社会共治格局初步形成，公众食品安全知晓率不断提升，创建参与度和支持率继续攀升，国家食品安全示范城市品牌效应初步显现。

国家食品安全示范试点城市达67个。从2014年7月第一批启动15个试点城市，目前试点城市累计达31个省（区、市）67个城市，覆盖了全国所有省会城市、计划单列市及部分基础较好的地级市，覆盖人口4.3亿、国土面积115万平方千米，生产总值约占全国一半。

第一、第二批试点城市创建前后对比显示，创建后年均食品安全工作经费增幅达52.96%，食品安全现场检查量增幅达28.41%，食品检验样本量增幅达20.98%，食品安全检查合格率递增2.49个百分点，查办食品安全案件增幅达16.29%。

据了解，四川成都、湖北宜昌、广东深圳等在食品安全城市创建的过程中还由市委书记亲自挂帅任创建领导小组组长，检查指导食品安全工作。湖北、成都等市出台食品安全党政同责工作意见，北京、上海等地出台强化落实区县食品安全监管属地责任管理办法。

此外，国务院食品安全办9月下旬出台了《国家食品安全示范城市创建标准（2017版）》和《国家食品安全示范城市创建评价与管理办法（暂行）》，进一步统一了评价与管理办法、创建标准和行动指南。各地自发联动联创。浙江、江苏等地也参照国家食品安全示范城市创建模式，同步开展省市级食品安全示范城市创建工作，山东等地启动食品安全示范城市创建三年行动计划，各地掀起争创食品安全示范城市的热潮。

截至2017年初，67个国家食品安全示范城市试点城市现有全职从事食品安全监管的人员82 968人，食品安全年工作经费达48.81亿元，食品安全监管执法车辆11 144辆，食品安全监管执法装备价值21.98亿元，食品安全年现场检查612.31万户次，食品检验年样本量210.56万批次，食品安全检查合格率达99.57%，年均查办食品安全案件8.62万件，年均追究食品安全刑事责任人员4 393人。

第四节　食品监管分工及消费者投诉途径

一、食品监管分工

根据国家食品药品监督管理总局的三定方案（2013年3月），食药总局与各部门的分工为：

1. 与农业部的有关职责分工

农业部门负责食用农产品从种植养殖环节到进入批发、零售市场或生产加工企业前的质量安全监督管理，负责兽药、饲料、饲料添加剂和职责范围内的农药、肥料等其他农业投入品质量及使用的监督管理。食用农产品进入批发、零售市场或生产加工企业后，按食品由食品药品监督管理部门监督管理。农业部门负责畜禽屠宰环节和生鲜乳收购环节质量安全监督管理。两部门建立食品安全追溯机制，加强协调配合和工作衔接，形成监管合力。

2. 与国家卫生和计划生育委员会的有关职责分工

（1）国家卫生和计划生育委员会负责食品安全风险评估和食品安全标准制定。国家卫生和计划生育委员会会同国家食品药品监督管理总局等部门制定、实施食品安全风险监测计划。国家食品药品监督管理总局应当及时向国家卫生和计划生育委员会提出食品安全风险评估的建议。国家卫生和计划生育委员会对通过食品安全风险监测或者接到举报发现食品可能存在安全隐患的，应当立即组织进行检验和食品安全风险评估，并及时向国家食品药品监督管理总局通报食品安全风险评估结果。对于得出不安全结论的食品，国家食品药品监督管理总局应当立即采取措施。需要制定、修订相关食品安全标准的，国家卫生和计划生育委员会应当尽快制定、修订。完善国家食品安全风险评估中心法人治理结构，健全理事会制度。

（2）国家食品药品监督管理总局会同国家卫生和计划生育委员会组织国家药典委员会，制定国家药典。

（3）国家食品药品监督管理总局会同国家卫生

和计划生育委员会建立重大药品不良反应事件相互通报机制和联合处置机制。

3. 与国家质量监督检验检疫总局的有关职责分工

国家质量监督检验检疫总局负责食品包装材料、容器、食品生产经营工具等食品相关产品生产加工的监督管理。质量监督部门发现食品相关产品可能影响食品安全的，应及时通报食品药品监督管理部门，食品药品监督管理部门应当立即在食品生产、流通消费环节采取措施加以处理。食品药品监督管理部门发现食品安全问题可能是由食品相关产品造成的，应及时通报质量监督部门，质量监督部门应当立即在食品相关产品生产加工环节采取措施加以处理。国家质量监督检验检疫总局负责进出口食品安全、质量监督检验和监督管理。进口的食品以及食品相关产品应当符合我国食品安全国家标准。国家质量监督检验检疫总局应当收集、汇总进出口食品安全信息，并及时通报国家食品药品监督管理总局。境外发生的食品安全事件可能对我国境内造成影响，或者在进口食品中发现严重食品安全问题的，国家质量监督检验检疫总局应当及时采取风险预警或者控制措施，并向国家食品药品监督管理总局通报，国家食品药品监督管理总局应当及时采取相应措施。

4. 与国家工商行政管理总局的有关职责分工

食品药品监督管理部门负责药品、医疗器械、保健食品广告内容审查，工商行政管理部门负责药品、医疗器械、保健食品广告活动的监督检查。食品药品监督管理部门应当对其批准的药品、医疗器械、保健食品广告进行检查，对于违法广告，应当向工商行政管理部门通报并提出处理建议，工商行政管理部门应当依法做出处理，两部门建立健全协调配合机制。

5. 与商务部的有关职责分工

（1）商务部负责拟订药品流通发展规划和政策，国家食品药品监督管理总局负责药品流通的监督管理，配合执行药品流通发展规划和政策。

（2）商务部负责拟订促进餐饮服务和酒类流通发展规划和政策，国家食品药品监督管理总局负责餐饮服务食品安全和酒类食品安全的监督管理。

（3）商务部发放药品类易制毒化学品进口许可前，应当征得国家食品药品监督管理总局同意。

6. 与公安部的有关职责分工

公安部负责组织指导食品药品犯罪案件侦查工作。国家食品药品监督管理总局与公安部建立行政执法和刑事司法工作衔接机制。食品药品监督管理部门发现食品药品违法行为涉嫌犯罪的，应当按照有关规定及时移送公安机关，公安机关应当迅速进行审查，并依法做出立案或者不予立案的决定。公安机关依法提请食品药品监督管理部门做出检验、鉴定、认定等协助的，食品药品监督管理部门应当予以协助。

二、消费者投诉途径

消费者一旦发现药品、保健食品、化妆品、医疗器械生产、销售企业在研制、生产、流通、使用环节上有违法行为，以及食品生产、流通及餐饮服务环节有食品安全违法行为，均可拨打12331向市食品药品监督管理局投诉举报。

例如：沈阳市食药局官网上公布了沈阳市食品药品投诉举报中心办事指南，具体内容为：

1. 不予受理的情形

无具体明确的被投诉举报对象和违法行为的；

被投诉举报对象及违法行为均不在本食品药品投诉举报机构或者管理部门管辖范围的；

不属于食品药品监督管理部门监管职责范围的；

投诉举报已经受理且仍在调查处理过程中，投诉举报人就同一事项重复投诉举报的；

投诉举报已依法处理，投诉举报人在无新线索的情况下以同一事实或者理由重复投诉举报的；

违法行为已经超过法定追诉时限的；

应当通过诉讼、仲裁、行政复议等法定途径解决或者已经进入上述程序的；

其他依法不应当受理的情形。

2. 办事条件及需提交的材料

投诉举报人应当提供客观真实的投诉举报材料及证据，说明事情的基本经过，提供被投诉举报对象的名称、地址、涉嫌违法的具体行为等详细信息。提倡实名投诉举报。

3. 办理流程及时限

受理→转交办→办理→反馈

受理。自收到之日起5日内做出是否受理的决定。

转交办。一般投诉举报，自受理之日起3日内转交有关部门办理；重要投诉举报2日内转交同级食品药品监督管理部门提出处理意见。

办理。自投诉举报受理之日起60日内向投诉举报人反馈办理结果；情况复杂的，在60日期限届满前经批准可适当延长办理期限（一般不超过30

日），并告知投诉举报人正在办理。办结后，告知投诉举报人办理结果。

4. 联系方式

联系方式：024-12331

机构名称：沈阳市食品药品监督管理局举报投诉中心

地点：沈阳市和平区南宁南街11号

邮编：110005

办公时间：周一至周五9:00—17:30

12331受理时间：每日8:30—21:00人工受理，其他时段语音受理。

5. 投诉举报时的注意事项

（1）投诉需要提供购物凭证

（2）保护现场，尽量维持所购食品原装

（3）投诉要在一定的期限之内进行

（杜翠荣）

第三章

正确认识食品添加剂

第一节 食品添加剂概述

食品添加剂是改善食品品质、延长食品保质期、改进加工条件、增强食品营养、提高食品质量的一类重要物质，是现代食品工业的重要组成部分。随着食品工业的发展，食品添加剂的作用越来越重要，但在给人们生活带来所需的丰富多彩的食品种类和极大便利的同时，食品添加剂在使用过程中也存在种种问题。近年来，食品安全事件时有发生，食品添加剂的使用已经成为社会关注的焦点。由于对食品添加剂基础知识不了解，消费者对食品添加剂产生了误解。本章主要介绍了食品添加剂的定义、作用、相关法律法规等，便于消费者对食品添加剂有个正确的认识。

一、食品添加的定义及作用

（一）食品添加剂的定义

在《中华人民共和国食品安全法》（以下简称《食品安全法》）中规定，食品添加剂是指：“为改善食品品质和色、香、味以及为防腐、保鲜和加工工艺的需要而加入食品中的人工合成或者天然物质，包括营养强化剂。”《食品安全国家标准　食品添加剂使用标准》（GB 2760—2014）中规定，食品添加剂是指：“为改善食品品质和色、香、味，以及为防腐、保鲜和加工工艺的需要而加入食品中的人工合成或者天然物质。食品用香料、胶基糖果和基础剂物质、食品工业加工助剂也包括在内。”在我国食品添加剂的范畴比较广，将营养强化剂、食品用香料、胶基糖果中基础剂物质、食品工业用加工助剂也都作为食品添加剂。

（二）食品添加剂的作用

在食品加工过程中，按照食品安全标准规定合理使用食品添加剂，对食品工业具有非常重要

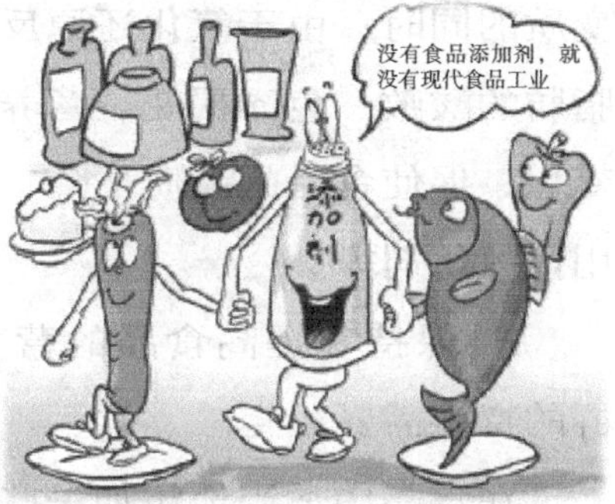

的意义，具有如下作用：

1. 改善和提高食品色、香、味及口感等感官性状

食品的色、香、味、形态和口感是衡量食品质量的重要指标，食品加工过程一般都有碾磨、破碎、加温、加压等物理过程，在这些加工过程中，食品容易褪色、变色，有一些食品固有的香气也散失了。此外，同一个加工过程难以解决产品的软、硬、脆、韧等口感的要求。因此，适当地使用着色剂、护色剂、食用香精香料、增稠剂、乳化剂等，可明显地提高食品的感官质量，满足人们对食品风味和口味的需要。

2. 有利于食品保藏和运输，延长食品的保质期

食物原料大部分来自动、植物，属于生鲜食品，每年在储藏、运输过程中因为贮藏不当造成的浪费数目惊人，这对于资源日渐短缺、人口飞速膨胀的全球是一种极大的灾难。因此，加快食品抗氧化剂、防腐剂的研制，尽可能地延长食品的保质期，成为加速食品添加剂发展的动力。食品在腐败

变质的同时，由于氧化还原反应的发生，还会出现脂肪的酸败、色泽褐变、营养成分损失等多方面的变化，促使食品的品质下降，所以食品中也需要使用抗氧化剂等。

3. 保持和提高食品的营养价值，满足不同人群的特殊需要

在食品中适当地添加一些营养素，可大大提高和改善食品的营养价值。这对于防止营养不良和营养缺乏，保持营养平衡，提高人们的健康水平具有重要的意义。如食盐中加碘，面粉中强化铁、锌等，儿童食品中强化钙、维生素等。同时食品防腐剂和抗氧化剂在食品工业中可防止食品氧化变质，对保持食品的营养具有重要的作用。食品在调节人体机能和维护人体健康方面发挥着重要的作用，因此大力开发低糖、低脂食品成为食品工业发展的一种趋势，这使糖类、脂类替代品的开发成为重要方向。目前，肥胖、糖尿病患者数量激增，专用食品的开发也需要有大量食品添加剂的使用。糖尿病患者不能食用蔗糖，又要满足对甜味的需要，因此需要各种甜味剂。婴儿生长发育需要各种营养素，因而发展了添加有矿物质、维生素的配方奶粉。

4. 增加食品的品种，提高食品的方便性

食品品种多样化是满足不同消费群体需要的前

提，目前超级市场的食品种类已达到2万种以上，不论是色泽、形状、口味的改变，还是原料、营养、品种的调整，琳琅满目的食品极大地促进了人们的消费欲望。这些食品大多具有防腐、抗氧化、乳化、增稠、着色、增香等不同功能的食品添加剂在食品加工过程中配合使用的结果。现代生活、工作的快节奏，使得人们对方便食品的需求大大增加，快餐食品、即食食品、速冻食品等深受都市人的喜爱。

5. 有利于食品加工制作，适应食品机械化和自动化生产

食品的加工程度越来越高，工业化生产的食品已深入到我们日常生活的每一天。食品加工过程中使用乳化剂、消泡剂、被膜剂、稳定剂和凝固剂等食品添加剂可促使原料更具有可加工性，适应现代化食品机械设备的大规模生产，如豆乳生产中消泡剂的使用，低聚糖生产中使用酶制剂，豆腐生产中葡萄酸-δ-内酯的使用，方便了食品的加工制作，使食品工业机械化和自动化。

6. 有利于提高经济效益和社会效益

在生产过程中使用稳定剂、凝固剂、增稠剂等各种添加剂能降低原材料消耗，提高产品收益率，从而降低了生产成本，可以产生明显的经济效益和

社会效益。

二、食品添加剂的行业状况

（一）食品添加剂行业品种情况

目前我国允许使用的食品添加剂按功能分类共23类，据统计我国允许使用的食品添加剂2 400余种，其中食品用香料1 870种，涉及食品添加剂检验标准600余个，食品添加剂具体类别见表3-1。

表3-1 食品添加剂功能类别表

序号	类别	序号	类别	序号	类别
1	防腐剂	9	增稠剂	17	酶制剂
2	甜味剂	10	漂白剂	18	水分保持剂
3	着色剂	11	增味剂	19	营养强化剂
4	护色剂	12	乳化剂	20	稳定剂和凝固剂
5	膨松剂	13	抗结剂	21	胶基糖果中基础剂物质
6	食品用香料	14	酸度调节剂	22	食品工业用加工助剂
7	面粉处理剂	15	消泡剂		
8	抗氧化剂	16	被膜剂	23	其他

（二）食品添加剂生产企业情况

根据《关于公布食品生产许可分类目录的公告》（食药总局2016年第23号）要求，现行的食品生产许可将食品添加剂分为3类，食品添加剂、食品用香精及复配食品添加剂，见表3-2。

表3-2　食品生产许可分类目录

食品、食品添加剂类别	类别编号	类别名称	品种明细
食品添加剂	3201	食品添加剂	食品添加剂产品名称（使用GB 2760、GB 14880或卫生计生委公告规定的食品添加剂名称；标准中对不同工艺有明确规定的应当在括号中标明；不包括食品用香精和复配食品添加剂）
	3202	食品用香精	食品用香精［液体、乳化、浆（膏）状、粉末（拌和、胶囊）］
	3203	复配食品添加剂	复配食品添加剂明细（使用GB 26687规定的名称）

全国食品添加剂企业共3 303家（截至2016年底），按生产许可分类目录划分，全国添加剂生产企业中食品添加剂生产企业1 623家，食品用香精生产企业723家，复配食品添加剂生产企业957家，食品用香精和复配食品添加剂生产企业之和占全国企业总数的51%，复配食品添加剂生产企业众多，且复配食品添加剂以其功能全、效果好、使用方便等优势越来越广泛地应用于食品工业中，在某些食品领域大有逐渐取代单一品种食品添加剂的趋势，复配食品添加剂已成为食品添加剂发展的方向

之一。因此，复配食品添加剂应作为监督抽检重点关注品种。

全国食品添加剂企业3 303家，分布在全国30个省（市、区）。

（三）食品添加剂行业销售情况

我国食品添加剂行业在2014年以前的20年一直保持高速增长的态势，产品产量及销售额持续增长，年均增长率达到18%；2014年以来受到经济增长放缓大环境的影响，增长率有所下降，2016年食品工业总产值超过11万亿，增长率保持着9%左右。2011—2016年食品添加剂行业主要产品产量及增长率见图3-1；2011—2016年食品添加剂行业主要产品销售额及增长率见图3-2。

图3-1 2011—2016年食品添加剂行业主要产品产量及增长率

图3-2 2011—2016年食品添加剂行业主要产品销售额及增长率

三、食品添加剂的法律及管理

（一）食品添加剂的法律

《中华人民共和国食品安全法》（简称《食品安全法》）于2015年4月24日第十二届全国人民代表大会常务委员会第十四次会议修订通过，于2015年10月1日起实施，共10章，154条。规定了食品添加剂的生产、经营、进口和使用。《食品安全法》第二条规定食品添加剂的生产经营、食品生产者使用食品添加剂、对食品添加剂的安全管理应当遵守本法。法规中第十七条、第十八条第一款、第二十一条、第二十六条、第三十七条、第三十九条、第四十条、第五十二条、第五十九条、第六十条、第六十七条、第七十条、第七十一条、第九十

条、第九十二条都有对食品添加剂的相关规定。

（二）食品添加剂的管理

我国在20世纪50年代开始逐渐对食品添加剂采取了管理措施，于1973年成立“食品添加剂卫生标准科研协作组”开始有组织、有计划地管理食品添加剂。陆续制定了《食品添加剂使用卫生标准》和《食品添加剂卫生管理办法》等有关法规。目前，国家食品药品监督管理总局负责食品添加剂的管理工作，相应的法规有《食品安全法》《食品添加剂新品种管理办法》（卫生部令第73号）、《食品安全国家标准 食品添加剂使用标准》（GB 2760—2014）、《食品安全国家标准 食品营养强化剂使用标准》（GB 14880—2012）、《食品安全国家标准 复配食品添加剂通则》（GB 26687—2011）、《食品安全国家标准 预包装食品标签通则》（GB 7718—2011）和《食品安全国家标准 食品添加剂标识通则》（GB 29924—2013）等。

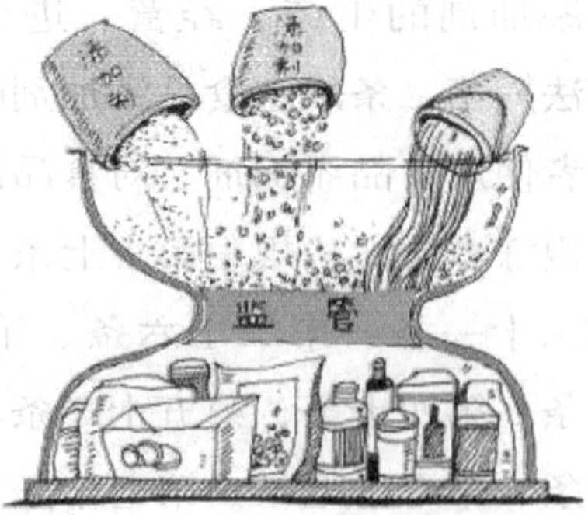

我国对食品添加剂品种的管理实行允许使用名单制度，即食品添加剂应当在技术上确有

必要且经过风险评估证明安全可靠。必须由国家卫生计生委批准后方可使用。《食品安全法》作为国家对食品添加剂管理的主要法律依据。该法对食品添加剂的食品安全风险监测和安全评估、食品安全标准的规定、新品种许可、生产许可、生产经营全过程的要求、食品添加剂标识、食品生产加工企业使用食品添加剂等方面都做出了严格规定。《食品安全国家标准 食品添加剂使用标准》（GB 2760—2014）列举了每种食品添加剂的使用范围及使用量。

根据《食品安全国家标准 食品添加剂使用标准》（GB2760—2014）和《食品安全国家标准 食品营养强化剂使用标准》（GB 14880—2012）以及截止到2017年1月9日，我国允许使用的食品添加剂品种共有2 400余种，其中食品添加剂的检验方法658项，由于香精香料占食品添加剂比例较大，现有食品添加剂标准基本覆盖食品添加剂产品。

第二节　合理使用食品添加剂

一、食品添加剂的使用要求

随着社会的发展和进步，人们对食品提出了越来越高和越来越新的要求，一方面要求色、香、味、形俱佳，营养丰富；另一方面要求食用方便、清洁卫生、无毒无害，确保食品卫生安全。能够满足这两方面要求的唯一途径就是要保证食品添加剂的卫生安全使用。

（一）食品添加剂在使用时应符合的基本要求

（1）不应对人体产生任何健康危害。

（2）不应掩盖食品腐败变质。

（3）不应掩盖食品本身或加工过程中的质量缺陷或以掺杂、掺假、伪造为目的而使用食品添加剂。

（4）不应降低食品本身的营养价值。

（5）在达到预期目的的前提下尽可能降低在食品中的使用量。

（二）我国对食品添加剂使用的具体要求

（1）食品添加剂应有严格的使用卫生标准和质量标准，并经国家有关部门的正式批准、公布。有害物质不得检出或不能超过允许的限量。

（2）食品添加剂必须是经过毒理学安全性评价证明在使用限量范围内，对人体安全无害、不含其他有毒杂质、长期摄入也不会引起人体毒性的物质。

（3）食品添加剂对食品的营养成分不应有破坏作用，也不应影响食品的质量和风味，特别是不得掩盖食品原有的品质。

（4）食品中加入食品添加剂以后，不影响食品感官理化性质，也必须不会破坏食品的营养成分，并能够被分析鉴定出来。

（5）食品添加剂在进入人体后，最好能参加人体正常的物质代谢，或能够正常解毒过程后全部排出体外，或因不被消化道消化吸收而全部排出体外，不能在人体内分解为对人体有害的物质或加入食品后形成对人体有害的物质

（6）食品添加剂在达到一定使用目的后，经加工、烹调或贮存时，能够被破坏、排除或有微量残留，则更为安全。

（7）食品添加剂要有助于食品的生产、加工、

制造和贮藏等过程，具有保持食品营养、防止腐败变质、增强感官性状、提高产品质量等作用，并在较低的使用量的条件下具有显著效果。

（8）食品添加剂的使用要求必须符合《食品安全国家标准 食品添加剂使用标准》（GB 2760—2014）、《食品安全国家标准 食品营养强化剂使用标准》（GB 14880—2012）以及卫生计生委公告的规定。

（9）不得使用食品添加剂作为掩盖食品的腐败和缺陷或作为伪造食品的手段。不得使用非法加工点、无生产卫生许可证及污染或变质的食品添加剂。

（10）购入食品添加剂时，要索取生产企业的营业执照、生产许可证和该批产品检验合格报告单。

二、食品添加剂的安全评估

（一）食品添加剂的毒性评估

任何一种化学物质当以足够大的剂量摄入时都可对机体产生一定的损害，此即该物质的毒性所致。毒性大表示用较小的剂量即可造成损害；毒性小则必须有较大的剂量才能造成损害。食品添加剂大都具有一定的毒性。通常，人们将各种不同物质按其急性毒性试验，即一次给予较大剂量的受试物后，观察动物所产生的毒性反应，并用其半数致死量（LD_{50}）来了解该物质的毒性大小。将各种物质按其对大鼠经口LD_{50}的大小分为极毒、剧毒、中等毒、低毒、实际无毒和无毒六大类，见表3-3。食品添加剂大多为低毒和实际无毒级，也有一些属无毒级，仅有极少数品种如亚硝酸钠属中等毒。

表3-3　急性毒性分级标准

毒性分级	一次经 LD_{50}/（mg/kg）	大体相当体重70kg人的致死量
1级　无毒	>15 000	>1 050g
2级　实际无毒	5 001 ~ 15 000	350 ~ 1 050g
3级　低毒	501 ~ 5 000	35 ~ 350g
4级　中等毒	51 ~ 500	一茶勺 ~ 35g
5级　剧毒	1 ~ 50	7滴 ~ 一茶勺
6级　极毒	<1	稍尝，<7滴

尽管LD_{50}是衡量各种物质急性毒性大小的基本数据，且可用来对其相对毒性的大小进行比较，但LD_{50}却不能反映该物质对人类潜在的危害。例如，某些化学物质尽管急性毒性很小，但却不能反映长期低剂量摄入带来的危害，尤其是对某些化学物质长期低剂量摄入后有可能发生的致癌、致畸、致突变作用。

（二）食品添加剂的使用评估

理想的食品添加剂应当是有益无害的。但是，一概要求如此或绝对安全也不现实。事实上即使是食品也都并非绝对安全。某些食品成分如菠菜中的草酸盐和豆类中所含植物凝血素与胰蛋白酶抑制剂等就对人体有害。而营养强化剂虽为人体所需，但过量使用，如维生素A和维生素D均可引起过剩性中毒。这就要求人们将其所带来的益处与可能的危害进行权衡。尤其是将其可能带来的危害置于可供选择的使用及与整个食品供应的总体关系中来加以考虑。上述豆类所含有害成分可通过热加工破坏，而维生素A和维生素D的过剩性中毒作用，可通过严格控制其使用范围和最大使用量而得以避免。在食品添加剂中的确也还有少数毒性较大，对人体健康具有较大威胁的品种，这就更应仔细考察，对其是否许可使用和如何使用等作进一步的利弊权衡。

三、超限量使用食品添加剂危害

在食品添加剂允许使用前进行了毒理学实验及

使用评估，按照标准要求正常使用食品添加剂不会对人体带来危害，但是在使用食品添加剂的过程中，超限量使用，还会对人体带来一定的危害，下面介绍常用食品添加剂的危害情况。

苯甲酸及其钠盐：是食品工业中常见的一种防腐保鲜剂，应用于冷冻饮品、蜜饯、蔬菜制品、糖果、醋、酱油、酱、调味料、饮料、酒等产品中。一般情况下，苯甲酸被认为是安全的，但过量食入苯甲酸可能会引起一些身体不适的症状，长期食用存在引起肝脏、肾脏慢性损害的潜在危险。

山梨酸及其钾盐：山梨酸（钾）是一种不饱和脂肪酸（盐），它可以被人体的代谢系统吸收而迅速分解为二氧化碳和水，在体内无残留。从安全性方面来讲，山梨酸（钾）是一种国际公认安全（GRAS）的防腐剂，安全性很高。山梨酸（钾）的毒副作用比苯甲酸、维生素C和食盐还要低，毒性仅有苯甲酸的1/4，食盐的一半。山梨酸和山梨酸钾的防腐原理和防腐效果是一样的，其防腐效果是同类产品苯甲酸钠的

5～10倍，是一种安全高效的防腐剂，主要应用在冷冻饮品、蜜饯、蔬菜制品、豆制品、糖果、糕点、肉制品、蛋制品、酒、饮料、调味料等产品中。但是，如果食品中添加的山梨酸（钾）超标严重，消费者长期服用，在一定程度上会抑制骨骼生长，危害肾脏、肝脏的健康。

脱氢乙酸及其钠盐：是联合国粮农组织（FAO）和世界卫生组织（WHO）认可的一种安全型食品防霉、防腐保鲜剂。脱氢乙酸钠耐光耐热效果好，而且在食品加工过程中不会分解和随水蒸气蒸发。试验证明脱氢乙酸钠几乎无毒副作用，安全性高，在食品中使用也不会产生不正常的异味，所以近年来脱氢乙酸钠普遍受到食品企业的欢迎，在奶油、汤料（调味料、速食汤料）、面包、蛋糕、糕点、蛋黄派、果浆、浓缩果浆、月饼、馅料等中广泛应用。

纳他霉素：是一种天然、广谱、高效安全的酵母菌及霉菌等丝状真菌抑制剂，它不仅能够抑制真菌，还能防止真菌毒素的产生。因为纳他霉素溶解度很低，所以通常用于食品的表面防腐。

焦亚硫酸钠：二氧化硫通过生成的亚硫酸，对食品进行漂白和防腐。二氧化硫残留量过多，不仅能破坏维生素B_1，还能使钙形成不溶性物质，影响人体对钙的吸收。同时，二氧化硫遇水生成亚硫酸，对人的胃肠有刺激作用，容易引起胃肠道反应、刺激上呼吸道黏膜，如恶心、呕吐等。

硫酸铝钾：是一种传统的食品改良剂和膨松剂，广泛应用于豆类制品、油炸面制品、淀粉及淀粉制品、焙烤食品等。铝超标一般是由于企业在豆类制品、油炸面制品、淀粉及淀粉制品、焙烤食品的生产加工环节中将明矾作为品质改良剂和膨松剂超限量使用所致。长期食用铝含量过高的食品，会干扰人的思维、意识与记忆功能，引起神经系统病变，视觉与运动协调失灵，脑损伤、智力下降，严重者可能痴呆。

糖精钠、安赛蜜、甜蜜素：属于食品添加剂中的甜味剂，有甜度高、热量低、不参与代谢等特点，作为糖的代用品来增加食品的甜度。人们在正常饮食下，摄入一定量的甜味剂是无害的，超范围或者超量地滥用糖精钠、安赛蜜、甜蜜素，会不同程度地危害人体健康，可能对人体的肝脏和神经系统造成一定危害。

柠檬黄：是一种食用色素，使食品染色后改善其色泽、提高其价值的呈色物质，在食品工业中扮演着重要角色。按照来源不同，食用色素一般分为天然色素和人工合成色素两大类。人工合成色素主要是以煤焦油为原料，用化学方法合成的，长期过量摄入会危害人体健康。但由于人工合成色素成本低廉、色泽鲜艳、色调多样，并且使用方便，故被广泛应用。

第三节　食品添加剂在食品中的应用

一、冰淇淋中食品添加剂的使用

冰淇淋是以饮用水、乳或乳制品、蛋制品、水果制品、豆制品、食糖、食用植物油等的一种或者多种为原辅料，添加或不添加食品添加剂或营养强化剂，经混合、灭菌、均质、冷却、老化、冻结、硬化等工艺制成的体积膨胀的冷冻饮品。

（一）冰淇淋行业发展

我国从20世纪90年代以来，被誉为“冷饮之王”的冰淇淋生产每年以约10%的速度在递增。中国冷冻饮品市场在10年内产量增长了近12倍，品种从几十种增加到3 000多种。目前国内冷冻饮品市场3分天下：三资企业占据大部分高档市场，国有企业居中档，大部分乡镇企业、私营企业占领低档市场。上海、广东、北京是冰淇淋销量最集中的3大区，约占全国总量的30%。

目前我国冰淇淋人均年消费水平约为1千克，与美国等发达国家的人均年消费量40千克差距甚远。2012年全行业冷冻饮品产量约350万吨，与上一年度基本持平，利润总额达到22.63亿元，同比增长54.40%。随着我国国民经济的发展，人们生活质量提高，冰淇淋将成为老百姓的日常消费品。冰淇淋的消费目的将由过去的防暑降温转为不分季节的习惯性消费。

（二）冰淇淋中食品添加剂工艺必要性

增稠剂：可以提高食品的黏稠度和冰淇淋的膨胀度，从而改变食品的物理性质，赋予食品黏稠、润滑、适宜的口感，并有乳化、稳定作用。可以使冰淇淋的组织细腻、质地润滑、膨胀率好，还可以延缓冰淇淋在储存期间冰的结晶速度，抗融化，使冰淇淋在储存、运输、销售过程中不会发生变质。

乳化剂：可以促进脂肪和蛋白质的相互作用，有助于控制脂肪的聚附；可以改善脂肪在冰淇淋中的分散性，使脂肪均匀分布，提高稳定性；可以帮助空气的混入，提高冰淇淋的膨胀率；可以防止粗大冰晶的形成，使冰淇淋口感细腻。

甜味剂：主要是改善口感、增强风味、掩盖不良风味等作用，可以帮助改善其品质。甜味剂主要包括人工合成甜味剂、天然甜味剂、糖醇类甜味剂。不同的甜味剂具有不同的甜味和功能，对产品的色泽、香气、滋味、形态、质构起着重要作用。

（三）冰淇淋中常用的食品添加剂

冰淇淋中常用的食品添加剂见表3–4。

表3–4　冰淇淋中常用的食品添加剂

序号	食品添加剂名称	最大使用量（g/kg）	作用
1	海藻酸丙二醇酯	1.0	增稠剂、乳化剂、稳定剂
2	决明胶	2.5	增稠剂
3	山梨醇酐单月桂酸酯	3.0	乳化剂
4	羧甲基淀粉钠	0.06	增稠剂
5	田菁胶	5.0	增稠剂
6	亚麻籽胶	0.3	增稠剂
7	聚甘油脂肪酸酯	10.0	乳化剂、稳定剂、增稠剂、抗结剂
8	硬脂酰乳酸钠	2.0	乳化剂、稳定剂
9	丙二醇脂肪酸酯	5.0	乳化剂、稳定剂
10	刺云实胶	5.0	增稠剂

续表

序号	食品添加剂名称	最大使用量（g/kg）	作用
11	淀粉磷酸酯钠	按生产需要适量使用	增稠剂
12	纽甜	0.1	甜味剂
13	甜蜜素	0.65	甜味剂
14	三氯蔗糖	0.25	甜味剂
15	糖精钠	0.15	甜味剂、增稠剂
16	阿斯巴甜	1.0	甜味剂
17	安赛蜜	0.3	甜味剂
18	红曲米	按生产需要适量使用	着色剂
19	β-胡萝卜素	1.0	着色剂
20	亮蓝	0.025	着色剂
21	柠檬黄	0.05	着色剂
22	葡萄皮红	1.0	着色剂
23	日落黄	0.09	着色剂
24	苋菜红	0.025	着色剂
25	胭脂红	0.05	着色剂
26	叶黄素	0.1	着色剂
27	栀子黄	0.3	着色剂
28	栀子蓝	1.0	着色剂
29	诱惑红	0.07	着色剂

二、香肠中食品添加剂的使用

以鲜（冻）畜禽产品、水产品为主要原料，经修整、绞制（或斩拌）、腌制（或不腌制）后，配以辅料及食品添加剂，再经搅拌（或滚揉、斩拌、乳化）、充填（或成型）、蒸煮（或不蒸煮）、干燥（或不干燥）、风干（或不风干）、烟熏（或不烟熏）、烤制（或不烤制）、杀菌（或不杀菌）、冷却（或冷冻）等工艺制作的香肠类熟肉制品。

（一）香肠行业发展

我国肉类总产量连续20年居世界第一，2010年我国肉类总产量达到7 925万吨，占世界肉类总产品的近30%，接近欧美产量的总和，人均占有量57.8千克，超过世界平均水平。2010年我国肉类规模企业产值达6 770亿元，利润总额达304亿元。

（二）香肠中食品添加剂的工艺必要性

增稠剂：改善、稳定香肠的物理性质和组织状态。可以增加香肠的黏稠度，赋予香肠良好的口感，增加香肠的持水性，减少油脂析出，提高产品品质。

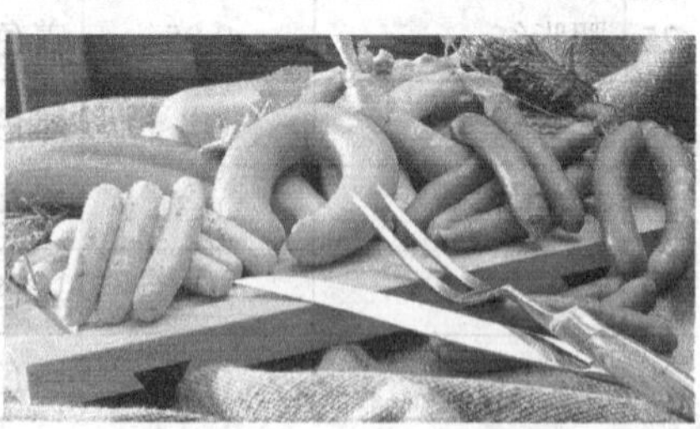

发色剂：可

以改善和保持香肠的色泽。香肠中的肉存在耗氧酶，会消耗渗入到肉中的氧气，使肉中的氧气降低，储存过程中容易褐变，随着储存时间延长，会加重褐变现象。

防腐剂：由于香肠具有较高的蛋白质含量和含水量，适宜微生物的生长繁殖，造成产品腐败变质，防腐剂可以抑制产品的腐败变质。

水分保持剂：可以提高香肠的水合性和持水性，提高水的渗透性；软化香肠，保持肉的营养成分和嫩度。

（三）香肠中常用的食品添加剂

香肠中常用的食品添加剂见表3–5。

表3–5　香肠中常用的食品添加剂

序号	食品添加剂名称	最大使用（g/kg）	作用
1	刺云实胶	10.0	增稠剂
2	β–环状糊精	1.0	增稠剂
3	可得然胶	按生产需要适量使用	稳定剂和凝固剂、增稠剂
4	红曲黄色素	按生产需要适量使用	着色剂
5	红曲米	按生产需要适量使用	着色剂

续表

序号	食品添加剂名称	最大使用(g/kg)	作用
6	磷酸二氢钾	5.0	水分保持剂、膨松剂、酸度调节剂、稳定剂、凝固剂、磷酸盐抗结剂
7	乳酸链球菌素	0.5	防腐剂
8	山梨酸钾	0.075	防腐剂、抗氧化剂、稳定剂
9	双乙酰酒石酸单双甘油酯	10.0	乳化剂、增稠剂
10	脱氢乙酸钠	0.5	防腐剂
11	亚麻籽胶	5.0	增稠剂
12	亚硝酸钠	0.15	护色剂、防腐剂

三、糕点中食品添加剂的使用

糕点是以谷类、豆类、薯类、油脂、糖、蛋等的一种或几种为主要原料，添加或不添加其他原料，经调制、成型、熟制等工序制成的食品，以及熟制前或熟制后在产品表面或熟制后在内部添加奶油、蛋白、可可、果酱等的食品。

（一）糕点行业发展

目前，我国糕点市场正在向品牌化靠近，糕点行业竞争压力大。近几年我国糕点行业发展速度较快，受益于糕点行业生产技术不断提高以及下游需求市场不断扩大，糕点行业在国内和国际市场上发展形势都十分看好。加盟糕点行业依然能赚钱。我国糕点行业迎来良好的发展机遇。由于新进入企业不断增多，上游原材料价格持续上涨，导致行业利润降低，因此我国糕点行业市场竞争也日趋激烈。研究表明在我国糕点企业中，一直以来，产业集中度低，缺乏规模经济效益。近年来，由于市场竞争的不断加剧，企业间的兼并重组和品牌经营进程逐步加快，规模化经营初见成效。集团化和品牌连锁作为规模化经营的主要模式，在扩大和稳定客源、提高用户忠诚度、降低成本等方面有较大的优势。

（二）糕点中食品添加剂的工艺必要性

（1）乳化剂：是一类表面活性物质，由于在乳化剂分子内部一端具有亲水的特性，另一端具有亲油的特性，使面团在调制过程中能够油脂乳化分散均匀，具有乳化和防止淀粉老化作用。还可以改善面筋的结构，使面包体积增大、水分高、口感好、成型好，延长面包保存期，保持面包的口感和弹性。

（2）面粉处理剂：使面粉增白和提高糕点质

量，避免生面团呈现黏结性，促进面粉的老化或者成熟过程；还可以增强或者减弱面粉筋力，抑制小麦粉中蛋白质的分解酶活性，提高面团持气性。

（3）酶制剂：可以增加发酵性糖，产生更多的气体，使糕点更加膨松；可以改性淀粉，使面包心不发黏；增加淀粉糊化性，改善烘焙性能；能产生气体降低糊化淀粉黏度，改善面包体积；增加面包心的水分，延缓面包老化。

（4）防腐剂：能够防止由微生物引起的腐败变质，延长糕点的保存期。

（5）水分保持剂：可以均匀产气，能够使气孔大小均一，膨松度好。

（三）糕点中常用的食品添加剂

糕点中常用的食品添加剂见表3-6。

表3-6　糕点中常用的食品添加剂

序号	食品添加剂名称	最大使用（g/kg）	作用
1	丙二醇脂肪酸酯	3.0	乳化剂、稳定剂
2	丙酸钠	2.5	防腐剂
3	丙酸钙	2.5	防腐剂
4	茶多酚	0.4	抗氧化剂
5	单辛酸甘油酯	1.0	防腐剂

续表

序号	食品添加剂名称	最大使用（g/kg）	作用
6	富马酸	3.0	酸度调节剂
7	红曲红	0.9	着色剂
8	甜蜜素	1.6	甜味剂
9	吐温20	2.0	乳化剂、消泡剂、稳定剂
10	木糖醇酐单硬脂酸酯	3.0	乳化剂
11	纳他霉素	3.0	防腐剂
12	司盘20	3.0	乳化剂
13	山梨酸钾	1.0	防腐剂、抗氧化剂、稳定剂
14	双乙酸钠	4.0	防腐剂
15	阿斯巴甜	1.7	甜味剂
16	脱氢乙酸钠	0.5	防腐剂
17	硬脂酰乳酸钠	2.0	乳化剂、稳定剂

四、方便面中食品添加剂的使用

以小麦粉和其他谷物粉、淀粉等为主要原料，添加或不添加辅料，经加工制成的面饼，添加或不添加方便调料的面条类预包装方便食品，包括油炸方便面和非油炸方便面。

（一）方便面行业发展

方便面行业在我国兴起于1970年，当年年产量仅200吨。到1989年，全国方便面生产线达到280条，年生产能力达到70万吨。到1995年，年产量猛增到70万吨。2005和2006年连续两年，方便面市场均表现出良好的增长态势。2005年方便面产量327.9万吨，同比增长18.6%；2006年方便面产量达到了431万吨，同比增长31.47%。2008年以来，国内方便面行业结束了连续18年、年均近20%的增长态势，在2008—2011年产量分别以10%、3.9%以及3.5%的速度在下滑。

（二）方便面食品添加剂的工艺必要性

（1）着色剂：可以改变方便面的外观，提高产品的品相，增进消费者的食欲，增加产品销量。

（2）抗氧化剂：由于方便面含有较大的油脂，加入抗氧化剂能够抑制油脂的氧化，延长保质期。

（3）增稠剂：可以改善方便面的物理性状，提高面饼的弹性，使方便面更加劲道，面饼表面光滑。

（4）增味剂：可以提高方便面的口味，增进消费者食欲。

（5）稳定剂：可以使方便面保持水分，不至面饼过硬，提高产品复水性，使结构相对稳定。

（三）方便面中常用的食品添加剂

方便面中常用的食品添加剂见表3–7。

表3–7　方便面中常用的食品添加剂

序号	食品添加剂名称	最大使用（g/kg）	作用
1	核黄素	0.05	着色剂
2	栀子黄	1.5	着色剂
3	辣椒红	按生产需要适量使用	着色剂
4	姜黄素	0.5	着色剂
5	丁基羟基茴香醚	0.2	抗氧化剂
6	二丁基羟基甲苯	0.2	抗氧化剂
7	特丁基对苯二酚	0.2	抗氧化剂
8	维生素E	0.2	抗氧化剂
9	茶黄素	0.2	抗氧化剂
10	海藻酸丙二醇酯	5.0	增稠剂、乳化剂、稳定剂
11	磷酸化二淀粉磷酸酯	0.2	增稠剂
12	琥珀酸二钠	20.0	增味剂
13	谷氨酸钠	按生产需要适量使用	增味剂
14	呈味核苷酸二钠	按生产需要适量使用	增味剂

续表

序号	食品添加剂名称	最大使用（g/kg）	作用
15	三聚磷酸钠	5.0	水分保持剂、膨松剂、酸度调节剂、稳定剂、凝固剂、抗结剂
16	磷酸二氢钠	5.0	水分保持剂、膨松剂、酸度调节剂、稳定剂、凝固剂、抗结剂

五、果汁饮料中食品添加剂的使用

以果汁、浓缩果汁、水为原料，添加或不添加其他食品原辅料和食品添加剂，经加工制成的制品。对于果汁饮料需要在标签的显著位置标识果汁总量，其含量≥10%。果汁味饮料是由糖、甜味剂、酸味剂和食用香精调制而成的，它的味道主要是由香精调配出来的，其中果汁成分很少，甚至可能一点都不含。所以消费者在购买果汁饮料时一定要注意区分“果汁饮料”和“果汁味饮料”。

（一）果汁饮料行业发展

近年来，我国果汁饮料市场呈高速发展态势，销量连续多年实现两位数增长，果汁饮料市场的迅速崛起与消费者的健康意识增强密不可分，果汁饮料中富含人体必需的维生素和微量元素，也因此，健康美味成为果汁吸引消费者的主因。

我国果汁饮料市场竞争激烈，市场份额主要由统一、康师傅、汇源、娃哈哈等占据主导。由于大品牌的激烈竞争，使得外来品牌很难进入果汁饮料市场，同时果汁饮料的价格日益透明化，厂家和经销商的利润在不断变薄。我国虽人口众多，果汁饮料的消费量却较低，人均年消费量还不到1千克，是世界平均水平的1/10，是发达国家平均水平的1/40。这表明，果汁饮料在中国仍有巨大的发展空间。随着城乡居民生活水平的逐步提高，果汁饮料的消费必将进一步增长。

（二）果汁饮料中食品添加剂的工艺必要性

（1）甜味剂：按照来源分为天然和人工合成甜味剂。可以使果汁饮料风味平衡，掩盖异味、增加口感。

（2）酸度调节剂：赋予果汁饮料酸度的物质，可以增加果汁饮料的口感。

（3）增稠剂：提高果汁饮料的黏稠度，并使状态相对稳定。

（三）果汁饮料中常用的食品添加剂

果汁饮料中常用的食品添加剂见表3-8。

表3-8 果汁饮料中常用的食品添加剂

序号	食品添加剂名称	最大使用（g/kg）	作用
1	甘氨酸	1.0	增味剂
2	苯甲酸钠	1.0	防腐剂
3	赤藓红	0.05	着色剂
4	纽甜	0.033	甜味剂
5	焦亚硫酸钠	0.05	漂白剂、防腐剂、抗氧化剂
6	富马酸	0.6	酸度调节剂
7	海藻酸丙二醇酯	3.0	增稠剂、乳化剂、稳定剂
8	红花黄	0.2	着色剂
9	红曲黄色素	按生产需要适量使用	着色剂
10	红曲红	按生产需要适量使用	着色剂
11	β-胡萝卜素	2.0	着色剂
12	琥珀酸单甘油酯	2.0	乳化剂
13	β-环状糊精	0.5	增稠剂
14	dl-酒石酸	5.0	酸度调节剂
15	亮蓝	0.025	着色剂
16	日落黄	0.1	着色剂

续表

序号	食品添加剂名称	最大使用（g/kg）	作用
17	司盘20	3.0	乳化剂
18	双乙酰酒石酸单双甘油酯	5.0	乳化剂、增稠剂
19	阿斯巴甜	0.6	甜味剂

六、蜜饯中食品添加剂的使用

以果蔬等为主要原料，添加（或不添加）食品添加剂和其他辅料，经糖或蜂蜜或食盐腌制（或不腌制）等工艺制成的制品，包括蜜饯类、凉果类、果脯类、话化类、果糕类和果丹类等。

（一）蜜饯行业发展

由于蜜饯产品的加工工艺相对传统，入业门槛较低，蜜饯企业过去相当长的一段时期内生产厂家数量激增。虽然经过多年的发展，我国蜜饯加工技术在保持传统工艺的基础上，得到不断创新，新工艺、新设备、新产品不断增加，产品发展趋势向低糖、营养

和功能化发展。蜜饯加工企业多以中小规模为主，采用传统工艺操作，多数中小型生产企业对产品质量意识淡薄，各企业生产条件参差不齐。很多厂家设备相对简单，自动化程度低、机械精度不够准确、速度慢，很难满足蜜饯的卫生生产需求。

（二）蜜饯中食品添加剂的工艺必要性

甜味剂：蜜饯中添加55%以上的白砂糖能起到抑制细菌生长的作用，使蜜饯能较长时间保存。白砂糖的使用也存在一些缺点，如流糖等，为了克服这些缺点可加入其他甜味剂，甜味剂不会影响产品色泽，加工工艺方便，能产生甜味或是能强化甜味感觉。

（1）着色剂：水果在加工过程中在酶及氧的作用下会产生色变，使水果颜色受到破坏，故一般在蜜饯生产中会添加适量的食用色素。

（2）漂白剂：使果干、蜜饯等的漂白，令其外观更好看，提高产品的品相，促进销量。

（三）蜜饯中常用的食品添加剂

蜜饯中常用的食品添加剂见表3-9。

表3-9　蜜饯中常用的食品添加剂

序号	食品添加剂名称	最大使用（g/kg）	作用
1	苯甲酸钠	0.5	防腐剂

续表

序号	食品添加剂名称	最大使用（g/kg）	作用
2	靛蓝	0.1	着色剂
3	纽甜	0.065	甜味剂
4	焦亚硫酸钠	0.35	漂白剂、防腐剂、抗氧化剂
5	红花黄	0.2	着色剂
6	β-胡萝卜素	1.0	着色剂
7	甜蜜素	1.0	甜味剂
8	柠檬黄	0.1	着色剂
9	日落黄	0.1	着色剂
10	三氯蔗糖	1.5	甜味剂
11	山梨酸钾	0.5	防腐剂
12	糖精钠	1.0	甜味剂、增味剂
13	阿斯巴甜	2.0	甜味剂
14	甜菊糖苷	3.3	甜味剂
15	安赛蜜	0.3	甜味剂

第四节　非食用物质

在食品中添加非食用物质已经越来越引起人们

的注意，近些年来出现的食品安全事故都与此有关。“苏丹红”“孔雀石绿”“三聚氰胺”都是在食品中添加非食用物质，一波未平一波又起的食品安全事件引发各方高度关注，这些陌生的化学名称因为与人们熟知的食品联系在一起而变得家喻户晓。在食品生产经营中违法添加非食用物质和滥用食品添加剂已成为影响食品安全的突出问题。为严厉打击食品非法添加行为，进一步加强食品添加剂监管，切实维护人民群众身体健康和生命安全，国务院在2011年发布《国务院办公厅关于严厉打击食品非法添加行为　切实加强食品添加剂监管的通知》（国办发〔2011〕20号），九部委联合发文《关于严厉打击食品非法添加行为　严格规范食品添加剂生产经营使用的公告》，可见国家对于打击非法添加物的重视程度。

一、非食用物质名单

判定一种物质是否属于非食用物质（非法添加物），根据相关法律、法规、标准的规定，可以参考以下原则：

（1）不属于传统上认为是食品原料的。

（2）不属于批准使用的新资源食品的。

（3）不属于卫生计生委公布的食药两用或作为普通食品管理物质的。

（4）未列入我国食品添加剂（《食品安全国家标准 食品添加剂使用标准》GB 2760—2014及卫生健康委公告）、营养强化剂（《食品安全国家标准 食品营养强化剂使用标准》GB 14880—2012及卫生健康委公告）品种名单的。

（5）其他我国法律法规允许使用物质之外的物质。

为进一步打击在食品生产、流通、餐饮服务中违法添加非食用物质和滥用食品添加剂的行为，保障消费者健康，全国打击违法添加非食用物质和滥用食品添加剂专项整治领导小组自2008年以来陆续发布了六批《食品中可能违法添加的非食用物质和易滥用的食品添加剂名单》（表3–10）。

表3–10　食品中可能违法添加的非食用物质名单（汇总）

序号	名称	主要成分	可能添加的主要食品类别	可能的主要作用
1	吊白块	次硫酸钠甲醛	腐竹、粉丝、面粉、竹笋	增白、保鲜、增加口感、防腐

续表

序号	名称	主要成分	可能添加的主要食品类别	可能的主要作用
2	苏丹红	苏丹红Ⅰ	辣椒粉、含辣椒类的食品（辣椒酱、辣味调味品）	着色
3	王金黄、块黄	碱性橙Ⅱ	腐皮	着色
4	蛋白精、三聚氰胺	三聚氰胺	乳及乳制品	虚高蛋白含量
5	硼酸与硼砂	硼酸与硼砂	腐竹、肉丸、凉粉、凉皮、面条、饺子皮	增筋
6	硫氰酸钠	硫氰酸钠	乳及乳制品	保鲜
7	玫瑰红B	罗丹明B	调味品	着色
8	美术绿	铅铬绿	茶叶	着色
9	碱性嫩黄	碱性嫩黄	豆制品	着色
10	酸性橙	酸性橙	卤制熟食	着色
11	甲醛	甲醛	海参、鱿鱼等干水产品、血豆腐	改善外观和质地
12	工业用火碱	工业用火碱	海参、鱿鱼等干水产品、生鲜乳	改善外观和质地、防腐
13	一氧化碳	一氧化碳	金枪鱼、三文鱼	改善色泽
14	硫化钠	硫化钠	味精	—
15	工业硫磺	SO_2	白砂糖、辣椒、蜜饯、银耳、龙眼、胡萝卜、姜等	漂白、防腐

续表

序号	名称	主要成分	可能添加的主要食品类别	可能的主要作用
16	工业染料	—	小米、玉米粉、熟肉制品等	着色
17	罂粟壳	吗啡、那可丁、可待因、罂粟碱、蒂巴因	火锅、火锅底料及小吃类	—
18	皮革水解物	皮革水解蛋白	乳与乳制品、含乳饮料	增加蛋白质含量
19	溴酸钾	溴酸钾	小麦粉	增筋
20	β－内酰胺酶（金玉兰酶制剂）	β－内酰胺酶	乳与乳制品	掩蔽抗生素
21	富马酸二甲酯	富马酸二甲酯	糕点	防腐、防虫
22	废弃食用油脂	—	食用油脂	掺假
23	工业用矿物油	—	陈化大米	改善外观
24	工业明胶	—	冰淇淋、肉皮冻等	改善形状、掺假
25	工业酒精	—	勾兑假酒	降低成本
26	敌敌畏	敌敌畏	火腿、鱼干、咸鱼等制品	驱虫

续表

序号	名称	主要成分	可能添加的主要食品类别	可能的主要作用
27	毛发水	—	酱油等	掺假
28	工业用乙酸	游离矿酸	勾兑食醋	调节酸度
29	β-兴奋剂类药物	盐酸克伦特罗（瘦肉精）、莱克多巴胺等	猪肉、牛羊肉及肝脏等	提高瘦肉率
30	硝基呋喃类药物	呋喃唑酮、呋喃唑酮、呋喃西林、呋喃妥因	猪肉、禽肉、动物性水产品	抗感染
31	玉米赤霉醇	玉米赤霉醇	牛羊肉及肝脏、牛奶	促进生长
32	抗生素残渣	万古霉素	猪肉	抗感染
33	镇静剂	氯丙嗪安定	猪肉	镇静、催眠、减少能耗
34	荧光增白物质	—	双孢蘑菇、金针菇、白灵菇、面粉	增白
35	工业氯化镁	氯化镁	木耳	增加重量
36	磷化铝	磷化铝	木耳	防腐

续表

序号	名称	主要成分	可能添加的主要食品类别	可能的主要作用
37	馅料原料漂白剂	二氧化硫脲	焙烤食品	漂白
38	酸性橙Ⅱ	酸性橙Ⅱ	黄鱼、鲍汁、盐卤肉制品、红壳瓜子、辣椒面和豆瓣酱	增色
39	抗生素	磺胺类、喹诺酮类、氯霉素类、四环素类、β-内酰胺类	生食水产品、肉制品、猪肠衣、蜂蜜	杀菌防腐
40	喹诺酮类	喹诺酮类	麻辣烫类食品	杀菌防腐
41	水玻璃	硅酸钠	面制品	增加韧性
42	孔雀石绿	孔雀石绿	鱼类	抗感染
43	乌洛托品	六亚甲基四胺	腐竹、米线等	防腐
44	五氯酚钠	五氯酚钠	河蟹	灭螺、清除野杂鱼
45	喹乙醇	喹乙醇	水产养殖饲料	促生长
46	碱性黄	硫代黄素	大黄鱼	染色
47	磺胺二甲嘧啶	磺胺二甲嘧啶	叉烧肉类	防腐

续表

序号	名称	主要成分	可能添加的主要食品类别	可能的主要作用
48	敌百虫	敌百虫	腌制食品	防腐
49	邻苯二甲酸酯类物质			乳化剂类食品添加剂、使用乳化剂的其他类食品添加剂或食品等

表3-11　食品加工过程中易滥用的食品添加剂品种名单（汇总）

序号	食品类别	可能易滥用的添加剂品种或行为
1	渍菜（泡菜等）、葡萄酒	着色剂（胭脂红、柠檬黄等）超量或超范围（诱惑红、日落黄等）使用
2	水果冻、蛋白冻类	着色剂、防腐剂的超量或超范围使用，酸度调节剂（己二酸等）的超量使用
3	腌菜	着色剂、防腐剂、甜味剂（糖精钠、甜蜜素等）超量或超范围使用
4	面点、月饼；酒类（配制酒除外）	馅中乳化剂的超量使用（蔗糖脂肪酸酯等），或超范围使用（乙酰化单甘脂肪酸酯等）；防腐剂，违规使用着色剂超量或超范围使用甜味剂（酒类使用甜蜜素、安赛蜜）
5	面条、饺子皮	面粉处理剂超量

续表

序号	食品类别	可能易滥用的添加剂品种或行为
6	糕点、面制品和膨化食品	使用膨松剂过量（硫酸铝钾、硫酸铝铵等），造成铝的残留量超标准；超量使用水分保持剂磷酸盐类（磷酸钙、焦磷酸二氢二钠等）；超量使用增稠剂（黄原胶、黄蜀葵胶等）；超量使用甜味剂（糖精钠、甜蜜素等）
7	馒头	违法使用漂白剂硫磺熏蒸
8	油条	使用膨松剂（硫酸铝钾、硫酸铝铵）过量，造成铝的残留量超标准
9	肉制品和卤制熟食、腌肉料和嫩肉粉类产品	使用护色剂（硝酸盐、亚硝酸盐），易出现超过使用量和成品中的残留量超过标准问题
10	小麦粉	违规使用二氧化钛、超量使用过氧化苯甲酰、硫酸铝钾、滑石粉
11	臭豆腐等	硫酸亚铁
12	乳制品（除干酪外）	山梨酸、那他霉素
13	蔬菜干制品	硫酸铜
14	鲜瘦肉	胭脂红
15	大黄鱼、小黄鱼	柠檬黄
16	陈粮、米粉等	焦亚硫酸钠
17	烤鱼片、冷冻虾、烤虾、鱼干、鱿鱼丝、蟹肉、鱼糜等	亚硫酸钠

二、典型非食用物质案例

（一）三聚氰胺事件回顾

2007年，美国爆发宠物食品受污染事件。事后调查表明：掺杂了≤6.6%三聚氰胺的小麦蛋白粉是宠物食品导致中毒的原因。据美国食品药品管理局（FDA）官方消息，美国FDA首次在美国国内生产的饲料中发现含有三聚氰胺，有关企业已经开始自动召回相关产品。2007年深圳检验检疫局从台湾进口的3批“爱族牌”观赏鱼饲料检出三聚氰胺，且三聚氰胺含量较高，分别为0.35克/千克、0.47克/千克、0.51克/千克。这3批鱼饲料共846千克。2008年3月，南京儿童医院发现10例婴幼儿泌尿结石病例，三鹿问题奶粉事件浮出水面。2008年6月，国家质检总局食品生产监管司有消费者投诉婴儿吃三鹿奶粉后患肾结石。2008年6月28日，甘肃省兰州市的中国人民解放军第一医院泌尿科收到第一例婴儿患有“双肾多发性结石”和“输尿管结石”的病例。至9月8日，两个多月来共收治

14名患有同样疾病的婴儿。甘肃省共上报病例59人，死亡1例。2008年7月16日，甘肃省卫生厅接到甘肃兰州大学第二附属医院的电话报告，称该院收治的婴儿患肾结石病例明显增多，经了解均曾食用三鹿牌配方奶粉。2008年7月24日，河北省出入境检验检疫局检验检疫技术中心对三鹿集团生产的16批次婴幼儿系列奶粉进行检测，结果有15个批次检出三聚氰胺。2008年8月13日，三鹿集团决定，库存产品中三聚氰胺含量在每千克10毫克以下的可以销售，10毫克以上的暂时封存；调集三聚氰胺含量为每千克20毫克左右的产品换回三聚氰胺含量更大的产品，并逐步将含三聚氰胺产品通过调换撤出市场。

（二）苏丹红事件回顾

2005年2月18日，在英国最大的食品制造商产品中发现了被欧盟禁用的苏丹红Ⅰ，下架食品达到500多种。

2005年2月23日，中国国家质检总局发出紧急通知，重点监控进口产品中的苏丹红Ⅰ，以防进入国内流通渠道。肯德基所属百胜餐饮集团立即要求供应商对相关调料进行检测，并提供书面确认。2005年3月4日，北京市有关部门从亨氏辣椒酱中检出“苏丹红Ⅰ”，并确认苏丹红来自广州田洋。

百胜再次要求所有供应商继续排查“苏丹红Ⅰ”，并把重点转向国内原料。2005年3月9日，浙江省工商局发布消费警示，浙江已经发现3种食品里含有“苏丹红”。从广东到河南，“苏丹红”的踪迹开始逐步显露，很多是在辣椒酱、酱菜等小食品中添加“苏丹红”作为色素。2005年3月15日，在肯德基新奥尔良烤翅和新奥尔良烤鸡腿堡调料中发现了微量苏丹红Ⅰ成分。2005年3月17日，百胜品控人员在基快富工厂进一步追查苏丹红时，在生产记录中发现宏芳香料（昆山）有限公司提供的含苏丹红的辣粉也曾经在2005年1月12号以前用在部分肯德基香辣鸡翅、香辣鸡腿汉堡和劲爆鸡米花的调料中。肯德基立即通知所有餐厅停用少量剩余基快富调料，由味好美的同样调料替代。2005年3月18日，北京检验报告证实该基快富调料含有苏丹红。虽然肯德基已通过专业测试保证来自味好美的新调料不含苏丹红，但北京市食品安全协调办公室为了确保市民安全，要求公司将新调料送交该局再次检测，并且在该局证明不含苏丹红之前，必须立即停止销售3项产品。为了配合北京市食品安全协调办公室的指示，北京肯德基不得已暂停3种产品销售。

2005年3月22日，新调料经过北京市食品安全办公室确认不含苏丹红，随即北京恢复了香辣鸡翅、香辣鸡腿汉堡、劲爆鸡米花3种产品的销售。2005年3月28日，肯德基在全国16个城市同时召开新闻发布会，宣布经专业机构对肯德基几百种相关品项检测，证实所有产品不含苏丹红。公司查明所有问题均来自中山基快富公司的供应商宏芳香料（昆山）有限公司。宏芳曾向基快富提供两批含苏丹红的辣椒粉。这两批辣椒粉中的一部分用在了肯德基的新奥尔良和香辣产品中。会上，肯德基宣布了三项食品安全措施，全力防范今后类似事件的发生。

2005年4月6日，依据中央电视台“焦点访谈”报道，所有肯德基调料中的苏丹红Ⅰ号均可追溯至广东田洋公司。该公司以工业原料违法假冒成食品增色剂，销售给河南驻马店豫香调味品有限公司用于辣椒粉加工；再经过安徽义门苔干有限公司包装，卖给宏芳香料（昆山）有限公司，最后售给肯德基的供应商基快富公司，从而混合肯德基的调料。由此可见，从田洋公司到肯德基，中间隔了四家企业。2005年4月5日，国家质检总局宣布，在对全国18个省、市、区可能含有苏丹红的食品展开专项检查后发现，30家企业88种食品及添加剂含有苏丹红。这些含有苏丹红的食品生产企业主要集中在广东、上海、江苏等一些辣味制品和番茄制品的主要产销区，被检测的产品包括辣椒油、辣椒酱、辣味酱腌菜、辣味方便食品及其生产原料。质检部门在检查中发现，少数添加剂生产企业以苏丹红冒充食品添加剂辣椒红色素，销售给辣味制品生产企业。

2006年11月12日，央视播报了北京市个别市场和经销企业售卖来自河北石家庄等地用添加苏丹红的饲料喂鸭所生产的“红心鸭蛋”，并在该批鸭蛋中检测出苏丹红。15日，卫生部下发通知，要求各地紧急查处红心鸭蛋。北京、广州、河北等地相继停售“红心鸭蛋”。2006年11月14日，北京市政府食品安全办公室于当天下午公布了北京市场“红心鸭蛋”检测结果，其中6个“红心鸭蛋”样本被检出苏丹红，含量从0.041毫克/千克到7.18毫克/千克。有关方面已对检测确认含有苏丹红的咸鸭蛋生产企业立案调查，并监督销售单位采取召回措施，对不合格产品实施销毁。北京共暂扣红心鸭蛋1 158.7千克。2006年11月14日17时，河北省集中对平山、井陉两个重点养鸭县进行检查，通过逐户排查，共发现可疑鸭场7个、存栏鸭9 000只，查封可疑饲料800千克、可疑鲜鸭蛋510千克、咸鸭蛋70千克。在对安新县68家禽蛋制品加工企业排查过程中，初步发现有3家企业产品可疑。2006年11月15日，大连市发现标称江苏泰州市第二食品加工厂生产的“梅香”牌咸鸭蛋含有苏丹红IV号，相关负责部门依据相关线索，对该品牌的蛋类制品进行了跟踪清理检查，累计查扣“梅香”系列蛋制品28 506个。2006年11月16日，广州当日起全城禁售“红心鸭蛋”。相关负责部门15日发出禁令，从16日开始，全市禁止向消费者出售红心鸭蛋。不管是在批发零售市场还是餐饮市场，一律禁止销售。2006年11月21日，国家质检总局公布了各级质检部门对全国蛋制品生产加工企业的专项检查结果，结果显示有7家企业的8个批次产品涉嫌含有苏丹红。

（三）孔雀石绿事件回顾

2005年3月8日，重庆市水产技术推广站水产检疫队在渝中区西三街水产交易市场查获600多只含有致癌药物孔雀石绿的甲鱼。2005年6月5日，英国《星期日泰晤士报》报道：英国食品标准局在英国一家知名的超市连锁店出售的鲑鱼体内发现孔雀石绿。2005年6月30日，《河南商报》发表了《食品安全再拉警报 孔雀石绿毒浸鲜鱼》的报道，报道指出孔雀石绿被用于水产品养殖，可导致人体致癌、致畸、致突变。2005年7月7日，农业部办公厅向全国各省、自治区、直辖市下发了《关于组织查处“孔雀石绿”等禁用兽药的紧急通知》，在全国范围内严查违法经营、使用“孔雀石绿”的行为。2005年8月，香港有关部门连续两天在市面抽检29个淡水鱼样本进行测试，当中25个进口淡水鱼样本中，10个证实含有“孔雀石绿”。2005年9月，国家质检总局、国家标准委发布实施《水产品中孔雀石绿和结晶紫残留量的测定》，孔雀石绿检测方法出台。同时，主管部门进一步加强渔药的使用及管理工作，同时组织开展无公害水产品认证、无公害养殖基地认证及渔药、水产苗种、鱼饲料等农资打假活动。中央财政每年拿出600万元对重要养殖产品进行药物残留监测工作，推动各地水产养殖质量安全检测体系建立。2005年11月，香港媒体爆出广州生产的“珠江桥牌豆豉鲮鱼”罐头可能含有孔雀石绿致癌物质的消息，香港媒体称，批号为R280507204726的“珠江桥牌豆豉鲮鱼”罐头和食用限期为2006年6月30日的“御品梅菜鲮鱼”罐头，在抽取样品测试中含有孔雀石绿。2005年11月，香港食物环境卫生署公布的食物最新测试结果显示，“鹰金钱”牌金奖豆豉鲮鱼和甘竹牌豆豉鲮鱼等三个食物样本被查出含有致癌物“孔雀石绿”。2006年11月17日，上海媒体率先报道了山东产多宝鱼药残超标情况。11月27日，农业部确认，山东省3家企业，在养殖过程中违规使用了氯霉素、孔雀石绿、硝基呋喃类等违禁兽药。2006年11月28日、29日，成都市水务局在成都市抽取了10个桂花鱼样本送检。检测报告显示，3个样本检出禁用渔药霉氯素和孔雀石绿残留。2006年11月底，香港地区食环署食物安全中心对15个桂花鱼样本进行化验，结果发现11个样本含有孔雀石绿。2007年4月，山东省日照市一养殖企业正式起诉台湾统一企业股份有限公司及其在山东青岛的独资企业青岛统一饲料农牧有限公司生产的饲料产品“孔雀石绿”超标。2007年9月，广东三水区农业局协同市农产品质量检测中心对三水区养殖户和水产孵化场专项检查发现，三水个别水产养殖户仍存在使用国家明令禁止使用渔药“孔雀石绿”。

（四）塑化剂事件回顾

2011年5月，中国台湾昱伸公司被查出将塑化剂DEHP当作配方生产软化剂长达30年，涉及面之广，包括了统一、

台糖、台盐、盛香珍等几乎所有台湾主要食品厂商，原料供应遍及台北。截至2011年6月6日，受事件牵连的厂商已经达到278家。2011年6月，广东、浙江4家企业8个样品中检测出塑化剂，包括番石榴香精、绿茶粉等。2011年8月，传言三大奶粉品牌含塑化剂，当事教授澄清事件：塑化剂含量极低，完全没有必要恐慌。2012年11月19日，21世纪网记者购买4瓶438元/瓶的酒鬼酒，送往上海天祥质量技术服务有限公司进行检测，检测得出酒鬼酒中的塑化剂（DBP）含量为1.08毫克/千克。事件爆发后，白酒股纷纷暴跌，11月19日一天市值就蒸发了330个亿。2012年11月21日，湖南省商品质量监督检验院对50°酒鬼酒样品进行检测，结果显示，DBP最高检测值为1.04毫克/千克，而非媒体之前报道的1.08毫克/千克。

国家食品安全风险评估中心根据国际通用评估方法和欧洲食品安全局推荐的人体可以耐受摄入量，如果以媒体报道的酒鬼酒中DBP含量为1.08毫克/千克计算，行业专家分析研判，白酒感官质量要求清亮透明，邻苯二甲酸酯类物质是起增稠、乳化作用，无助于提高白酒的感官质量，同时白酒生产工艺也不需要添加邻苯二甲酸酯类物质，不存在人为添加的利益驱动。白酒中邻苯二甲酸酯类物质主要来自白酒生产、储运过程中使用的塑胶容器、管道、密封材料和包装材料的迁移及环境影响。

2012年11月21日，酒鬼酒发表声明称，50°酒鬼酒被检测出DBP最高值1.04毫克/千克。经国家质检总局、卫生部、国家食品安全风险评估中心3个权威部门认定，根据国际通用风险评估方法和欧洲食品安全局推荐的人体可以耐受摄入量，按照我国人均预期寿命，在适量的情况下，不会对健康造成损害，可以放心饮用。2012年12月26日，新华社发布相关国家食品安全风险评估中心、食品安全国家标准审评委员会、国家食品质量监督检验中心权威部门等监管部门的权威解读，其中涉及塑化剂来源解析、标准制定、检验方法等。

（张君）

第四章

食品营养与健康

第一节　食品的营养搭配

一、怎样吃才营养

（一）营养与营养素

营养是指机体从外界摄取各种食物，经过人体的消化、吸收和利用，以促进机体生长发育，维持各种生理功能这一连续动态的过程。由此可见，营养与人们的健康紧密相关，它所代表的这一过程，将伴随每个人的一生。

人们常谈论某种食品“有没有营养”，其实这里所说的“营养”指的是食物中养料含量的多少及其质量的优劣，也就是下面要谈到的“营养素”。

营养素是食物中的有效成分，也就是俗话说的“养料”。人们正是通过食物中的这些营养素来达到营养的目的。人体所需的营养素可分为7大类，即蛋白质、脂类、碳水化合物、膳食纤维、矿物质（包括常量元素和微量元素）、维生素和水。

这7类营养素既有各自特殊的作用，又构成一个合理而科学的体系，在营养的全过程中协调合作，共同完成调节人体生命和生理活动的使命。

（二）平衡膳食才营养

著名营养学家于若木教授曾说过："营养乃人生之命脉，健康之基础，力量之源泉。"生命体必须不断地从外界获取营养以维持生命活动，合理营养是健康的物质基础，而平衡膳食是合理营养的唯一途径。所谓"平衡膳食"就是在人体的生理需求与膳食营养供给之间建立平衡关系。需求什么，就补充什么。并不是想吃什么就补什么。通俗一点说就是"大鱼大肉"要补，膳食纤维、维生素、矿物质也要补。只有平衡膳食，加之适量户外运动，才会拥有一个强健的身体。

《中国居民膳食指南》专家委员会根据中国居民膳食的特点，按照平衡膳食的原则，推荐了中国

居民各类食物适宜的摄入量，并以宝塔的形式表现出来，这就是“中国居民平衡膳食宝塔”。

平衡膳食宝塔提出了一个营养上比较理想的膳食模式。它所建议的食物量，特别是奶类和豆类食物的能量可能与大多数人当前的实际膳食还有一定的距离，对某些贫困地区来讲可能距离还很远，但为了改善中国居民的膳食营养状况，这是不可缺的。

平衡膳食宝塔共分5层，包含我们每天应吃的主要食物种类。宝塔各层位置和面积不同，这在一定程度上反映出各类食物在膳食中的地位和应占的比重。

1. 基础——水和活动

水是膳食的重要组成部分，是一切生命必需的物质，其需要量主要受年龄、环境温度、身体活动等因素的影响。在温和气候条件下生活的轻体力活动的成年人每日至少饮水1 200毫升（约6杯）。在高温或重体力劳动的条件下，应适当增加。饮水不足或过多都会对人体健康带来危害。

目前我国大多数成年人身体活动不足或缺乏体育锻炼，应改变久坐少动的不良生活方式，养成天天运动的习惯，坚持每天多做一些消耗体力的活动。建议成年人每天进行累计相当于步行6 000步以上的身体活动，如果身体条件允许，最好进行30分钟中等强度的运动。

2. 第一层——谷类、薯类、杂豆

谷类是面粉、大米、玉米粉、小麦、高粱等的总和，如米饭、馒头、烙饼、玉米面饼、面包、饼干、麦片等。薯类包括红薯、马铃薯等，可替代部分粮食。杂豆包括大豆以外的其他干豆

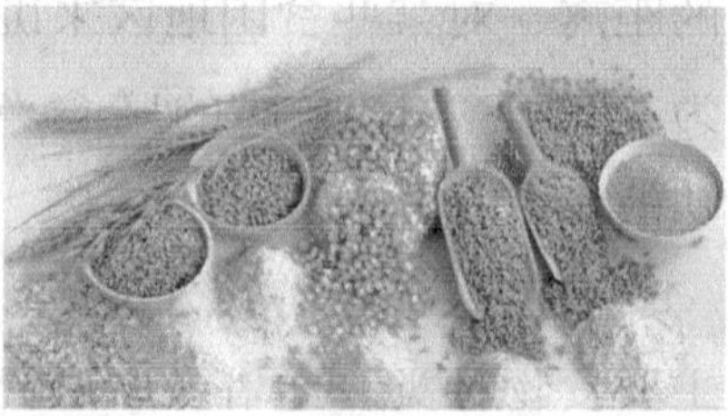

类，如红小豆、绿豆、芸豆等。谷类、薯类及豆类，主要提供碳水化合物、蛋白质、膳食纤维及B族维生素。谷类、薯类及杂豆食物的选择应重视多样化，粗细搭配，适量选择一些全谷类制品、其他谷类、杂豆及薯类。每100克玉米糁和全麦粉所含的膳食纤维比精面粉分别多10克和6克，因此建议每次摄入50～100克粗粮或全谷类制品。每周5～7次。

3. 第二层——蔬菜、水果

蔬菜、水果，主要提供膳食纤维、矿物质、维生素C、胡萝卜素、维生素K及有益健康的植物化学物质。

蔬菜包括嫩茎、叶、花菜类、根菜类、鲜豆类、茄果、瓜菜类、葱蒜类及菌藻类。深色蔬菜是指深绿色、深黄色、紫色、红色等颜色深的蔬菜，一般含维生素和植物化学物质比较丰富。因此在每日建议的300～500克新鲜蔬菜中，深色蔬菜最好占一半以上。

建议每天吃新鲜水果200～400克。在鲜果供应不足时可选择一些含糖量低的纯果汁或干果制品。蔬菜和水果各有优势，不能完全相互替代。

4. 第三层——畜禽类、鱼虾类及蛋类

畜禽类、鱼虾类及蛋类主要提供蛋白质、脂肪、矿物质、维生素A、B族维生素和维生素D。

畜禽类包括猪肉、牛肉、羊肉、禽肉及动物内脏类，建议每天摄入50~75克。目前我国居民的肉类摄入以猪肉为主，但猪肉含脂肪较高，应尽量选择瘦畜肉或禽肉。动物内脏有一定的营养价值，但因胆固醇含量较高，不宜过多食用。

鱼虾类水产品包括鱼类、甲壳类和软体类动物性食物。其特点是脂肪含量低，蛋白质丰富且易于消化，是优质蛋白质的良好来源。建议每天摄入量为50~100克，有条件可以多吃一些。

蛋类包括鸡蛋、鸭蛋、鹅蛋、鹌鹑蛋、鸽蛋及其加工制成的咸蛋、松花蛋等，蛋类的营养价值较高。建议每日摄入量为25~50克，相当于半个至1个鸡蛋。

5. 第四层——奶制品、豆类及坚果

奶制品有牛奶、羊奶和马奶等，最常见的为牛奶。奶制品包括奶粉、酸奶、奶酪等，不包括奶油、黄油。建议量相当于液态奶300克、酸奶360克、奶粉45克，有条件可以多吃一些。婴幼儿要尽可能选用符合国家标准的配方奶粉。饮奶多者、中老年人、超重者和肥胖者建议选择脱脂或低脂奶。乳糖不耐受的人群可以食用酸奶或低乳糖乳及乳制品。

豆类和坚果，主要提供蛋白质、脂肪、膳食纤维、矿物质、B族维生素和维生素E。豆类产品包括大豆及坚果类，其中大豆包括黄豆、黑豆、青豆，其常见的制品包括豆腐、豆浆、豆腐干等。推荐每日摄入30~50克大豆。坚果包括花生、瓜子、核桃、杏仁、榛子等，由于坚果的蛋白质与大豆相似，有条件的居民可食用坚果来替代相应量的大豆。

6. 第五层——油及食盐

食用油包括各种烹调用的动物油和植物油。植物油包括花生油、豆油、菜籽油、芝麻油、调和油等。动物油包括猪油、牛油、黄油等。每天烹调油的建议摄入量为不超过25克或30克，尽量少食用动物油。烹调油也应多样化，应经常更换种类，食用多种植物油。

健康成年人一天食盐摄入途径包括酱油和其他

食物中含有的食盐。建议摄入量为不超过6克。一般20毫升酱油中含3克食盐，10克黄酱中含盐1.5克。如果菜肴需要用酱油和酱类，应按比例减少食盐用量。

（三）如何平衡膳食

我国卫生部唯一发文推广的中国人饮食“国标”——《中国居民膳食指南》，以营养学为准则，结合我国人民的身体状况提出了平衡膳食的10条核心内容：

（1）食物多样，谷类为主，粗细搭配。

（2）多吃蔬菜、水果和薯类。

（3）每天吃奶类、豆类或其制品。

（4）常吃适量的鱼、禽、蛋和瘦肉。

（5）减少烹调油用量，膳食清淡少盐。

（6）食不过量，天天运动，保持健康体重。

（7）三餐分配要合理，零食要适当。

（8）每天足量饮水，合理选择饮料。

（9）如饮酒，应限量。

（10）吃新鲜卫生的食物。

（四）五色、五味、五性

在中医养生理论中，根据五行（木、火、土、金、水）学说，把自然界五色（绿、红、黄、白、黑）、五味（酸、苦、甘、辛、咸）与众多的事物

属性联系起来，说明人与大自然的关联。人生活在天地之间，自然环境之中，是整个物质世界的一个组成部分，应和大自然融为一体，自然界的植物五颜六色，接受阳光雨露的滋润生长，为万物之灵的人提供了食物来源。

1. 五色——黄、绿、红、白、黑

（1）黄色“益”脾胃：平时多吃黄色食物能活血通便、解毒祛风热、益气补脾。常见的黄色食物包括黄豆、牛蒡（最善清理脾胃火）、脚板薯（最善治疗口腔溃疡）、薏米（性味甘淡微寒，有利水消肿、健脾去湿、舒筋除痹、清热排脓等功效，为常用的利水渗湿药）、韭黄、南瓜（产生胰岛素，治疗消渴症）、粟米、玉米等。

（2）绿色“养”肝：中医认为，绿色属木，对应人体的肝脏和胆。肝脏是人体最大的解毒器官，主要功能为储血和解毒，具有调节全身气血、维持视力、调节性情、促进脾胃调和的作用。常见的绿色食物包括绿豆、菠菜（最养肝的蔬菜）、西蓝花、黄瓜、丝瓜、芹菜、韭菜、青辣椒、茼蒿、莴笋、白菜、荠菜（有清火降压作用）、油菜、四季豆、豆角、空心菜、木耳菜、绿苋菜、萝卜缨、苦瓜（最去心火，能促进胰岛素分泌）等。

（3）红色“补”心：中医认为，红色为火，心主火，所以红色食物和“心”联系在一起，通常有补气补血的功效。常见的红色食物包括红豆、红薯、胡萝卜（最保护眼睛的蔬菜，健脾、保肝）、红辣椒、红枣、番茄、山楂、香椿、草莓等。

（4）白色“润”肺：肺属金，与白色对应，常吃白色的食物，例如白豆、冬瓜、梨、白萝卜、银耳、藕、百合、茭白、莲藕、米面、豆腐、花菜、竹笋、淮山、凉薯等，可以起到“润”肺的作用。

（5）黑色“补”肾：常见的黑色食物包括黑豆、黑米、黑芝麻、黑木耳等，其中黑米是黑色食物中的佼佼者。古书记载：黑米具有“滋阴补肾、健身暖胃、明目活血”“滑湿益精、补肺缓筋”等功效。

2. 五味——酸、辛、苦、咸、甘

（1）酸入肝：肝虚血枯者宜食酸味。经常吃酸味食物可增强肝脏的功能，增进食欲，促进消化，并能解毒、抗菌、抗病毒。

酸多伤脾。酸能补肝，但过多的酸味食物会引起肝气偏胜，克犯脾胃，导致脾胃功能失调。而脾主肌肉，其华在唇，引起《黄帝内经》所说的“多食酸，而肉胝皱而唇揭”。因此，消化功能不好、大便溏稀等脾虚症状的人，要注意少吃酸食。

代表食物：橙子、橘子、橄榄、柠檬、枇杷、葡萄、杧果、石榴、调味品醋等。

（2）辛入肺：肺虚有寒者，有感冒等表证以及气血阻滞等情况的人适合食用有辛味的食物。辛味食物往往具有舒筋活血、发散风寒的作用，能促进胃液、唾液的分泌，增强淀粉酶活性，促进肠胃蠕动，消除体内胀气，还有促进血液循环，消除体内血瘀的作用。

辛多伤肝。“多食辛，则筋急而爪枯”。过量食用辛辣之物容易引起肺气偏胜，影响肝藏血、主筋的功能，导致筋的弹性降低，血运受影响。因此，有头晕目眩、面色无华、视物模糊等肝虚症状者，应少吃辣。

代表食物：生姜、胡椒、辣椒、葱、蒜、韭菜、花椒等。

（3）苦入心：心火较重的人宜食苦菜、苦瓜、大头菜、百合、白果等苦味食物，有泻下、清热、燥湿、健脾、补肾、强筋健骨的作用，但是有肺脏疾病的人应忌食。

苦多伤肺。过多的苦可能造成心火太旺，进而克制肺气。肺主皮毛，苦味太多，皮肤可能失去光

泽，毛发容易脱落，造成“多食苦，则皮槁而毛拔”的后果。有肺气虚表现的人，如容易感冒、咳嗽、咳痰等，要适当控制苦味食品的摄入。

代表食物：苦菜、苦瓜、大头菜、百合、白果等。

（4）咸入心：肾虚者宜食咸味。咸味食物一般具有润肠通便、消肿解毒、补肾强身的功效，能刺激人的味觉，增加食欲和消化能力。

咸多伤心。“多食咸，则脉凝泣而变色”。咸味吃多可造成肾气过盛而克制心气，损伤心的功能。心是血的统领者，其功能不足可使血脉凝聚，脸色变黑。因此，有心悸、气短、胸痛等不适的人，一定要少吃咸。

代表食物：苋菜、紫菜、海带、海参、螃蟹、火腿等

（5）甘入脾：脾虚者宜食甘味食物。甘性食物一般具有补益强壮作用，可以增进脾脏功能，有益气补血之效，并能化解疲劳、止渴生津。

甘多伤肾。过多的甜食会引起脾气偏胜，克伐肾脏。由于肾主骨藏精，其华在发，甜味吃多就会

使头发失去光泽、掉发，引起骨伤疼痛等，导致“多食甘，则骨痛而发落”。有肾虚症状如经常腰膝酸软、耳鸣、耳聋等的人，甜食要适当控制。

代表食物：西红柿、茄子、蘑菇、胡萝卜、土豆、黄瓜、冬瓜、南瓜、藕、梨、桃、苹果、香蕉、西瓜、鸡肉、蜂蜜等。

3. 五性——寒、凉、平、温、热

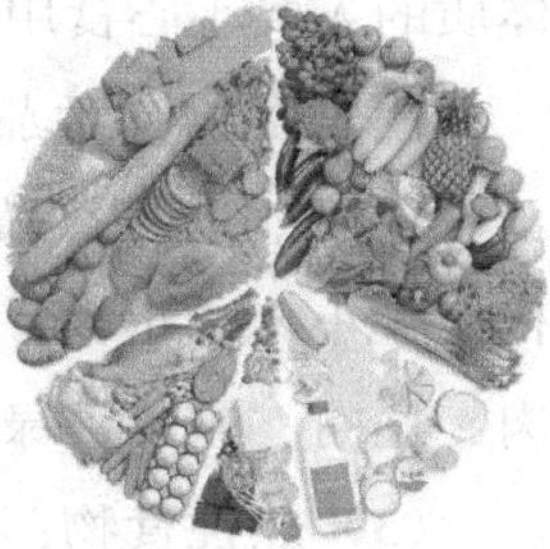

食物大致分为四性，即寒、热、温、凉四种食物。此外，有些食物性平和，称为平性。中医认为，温热为阳，寒凉为阴，只有将食物的温热寒凉因人、因时、因地地灵活运用，才能使人体在任何时候都能做到阴阳平衡，不会生病。例如我们知道螃蟹不能多吃，原因是螃蟹性寒，吃多了会伤脾胃，这就是从食物的性质来说的。了解食物的五性，才能吃得更健康。

（1）寒性食物：寒性及凉性食物都能清凉消热，具有泻火及消炎的作用等。寒性食物能够改善热性体质者的失眠、肿胀及炎症等问题。但寒性体质者吃了这类食物，会使畏冷、畏寒、风湿等问题更为严重。

代表食物：空心菜、竹笋、海带、苦瓜、荸荠、柿子、柚子、香蕉、桑葚、猕猴桃、西瓜、香瓜、鸭蛋、螃蟹、蛤蜊、牡蛎、田螺、酱油、金银花。

（2）凉性食物：凉性食物性质和寒性食物类似，但比寒性食物温和些，如火龙果、小麦等。凉性食物可以清热，适合体质燥热的人食用，而寒性体质的人要小心食用寒性及凉性食物。

代表食物：番茄、茄子、茭白、莴苣、菜花、藕、冬瓜、丝瓜、黄瓜、梨、芦柑、橙子、草莓、枇杷、小米、小麦、荞麦、薏米、绿豆、鸭肉、兔肉、蛙肉、鲍鱼、绿茶、蜂蜜、菊花、薄荷等。

（3）热性食物：容易使身体发热，可增加人体活力，改善寒性体质者的身体机能，如辣椒、羊肉等。但如果热性体质者吃了热性食物，则容易引起身体的亢奋，造成肿胀、充血及便秘等不适。

代表食物：辣椒、青椒、榴梿、花椒、小茴香。

（4）温性食物：温性食物性质和热性食物类似，但比热性食物要温和些，如芥菜、鸡肉，适合寒性体质的人食用。对于热性体质的人而言，则和热性食物一样，需要小心食用。

代表食物：葱、大蒜、韭菜、香菜、雪里蕻、洋葱、香椿、桃、杏、荔枝、桂圆、柠檬、金橘、糯米、黑米、燕麦、牛肉、羊肉、鸡肉、虾、鲢鱼、带鱼、鲶鱼、姜、醋、咖啡、红糖、黄芪等。

（5）平性食物：平性食物通常具有平补之效，可以起到维持机体正常运转、健脾养胃、理气安神、调理体质的作用。

代表食物：山药、土豆、苹果、木瓜、菠萝、葡萄、大米、糙米、玉米、猪肉、牛奶、鸡蛋、松子、杏仁等。

二、常见饮食搭配宜忌

营养素是食物的基本组成成分，不同食物的营养素含量不同，组成情况也不尽相同。营养素与营养素之间存在着相互联系和制约的关系，影响并决定食物之间是否相互搭配——即营养素之间的协同和拮抗作用，这种关系反映到食物上就是食物之间的相宜和相克。

（一）日常饮食搭配宜忌

1. 这些食物不能一起吃

（1）萝卜—水果：两者同食，经代谢后体内会很快产生大量硫氢酸，可抑制甲状腺素的形成，并阻碍甲状腺对碘的摄取，从而诱发或导致甲状腺肿。

（2）牛奶—果珍：牛奶中蛋白质丰富，80%以上为酪蛋白。酪蛋白在pH低于4.6的酸性环境中会凝集、沉淀，不利于消化吸收，引起消化不良，故冲调牛奶时不宜加入果珍及果汁等酸性饮料。

（3）海味—水果：鱼虾、藻类含有丰富的蛋白质和钙等营养物质，如果与含鞣质的水果同食，不仅会降低蛋白质的营养价值，而且易使海味中蛋白质与鞣质结合。这种物质可刺激黏膜，形成不易消化的物质，使人出现腹痛、恶心、呕吐等症状。

（4）肉类—茶：茶中的大量鞣酸与蛋白质结合会产生具有收敛性的鞣酸蛋白质，使肠蠕动减慢，延长粪便在肠道滞留时间，形成便秘。

（5）白酒—胡萝卜：胡萝卜中含有丰富的胡萝卜素，与酒精一起进入人体，就会在肝脏中产生毒素，从而损害肝脏功能。

（6）咸鱼—乳酸饮料：咸鱼不宜与乳酸饮料搭配食用，由于咸鱼制品中的硝酸盐在乳酸菌的作用下被还原成亚硝酸盐，而在唾液中的硫氰酸根催化下，产生致癌物，可能引起胃肠、肝等消化器官癌变。

◎食物相克大全

（1）猪肉与豆类相克：形成腹胀、气壅、气滞。

（2）猪肉与菊花相克：同食严重会导致死亡。

（3）猪肉与羊肝相克：共烹炒易产生怪味。

（4）猪肉与田螺相克：二物同属凉性，且滋腻易伤肠胃。

（5）猪肉与茶相克：同食易产生便秘。

（6）猪肉与百合相克：同食会引起中毒。

（7）肉与杨梅子相克：同食严重会死亡。

（8）猪肝与富含维生素C的食物相克：引起不良生理效应，使面部产生色素沉着。

（9）猪肝与番茄、辣椒相克：猪肝中含有的铜、铁能使维生素C氧化为脱氢抗坏血酸而失去原来的功能。

（10）猪肝与菜花相克：降低人体对两物中营养元素的吸收。

（11）猪肝与荞麦相克：同食会影响消化。

（12）猪肝与雀肉相克：同食会消化不良，还会引起中毒。

（13）猪肝与豆芽相克：猪肝中的铜会加速豆芽中的维生素C氧化，失去其营养价值。

（14）猪血与何首乌相克：会引起身体不适。

（15）羊肉与栗子相克：二者都不易消化，同炖共炒都不相宜，甚至可能同吃还会引起呕吐。

（16）牛肉与橄榄相克：同食会引起身体不适。

（17）牛肝与富含维生素C的食物相克：猪肝中含有的铜、铁能使维生素C氧化为脱氢抗坏血酸而失去原来的功能。

（18）牛肝与鲇鱼相克：可产生不良的生化反应，对人体有害。

（19）牛肝与鳗相克：可产生不良的生化反应。

（20）羊肉与豆酱相克：二者功能相反，不宜同食。

（21）羊肉与乳酪相克：二者功能相反，不宜同食。

（22）羊肉与醋相克：醋宜与寒性食物相配，而羊肉大热，不宜配醋。

（23）羊肉与竹笋相克：同食会引起中毒。

（24）羊肉与半夏相克：同食会影响营养成分吸收。

（25）羊肝与红豆相克：同食会引起中毒。

（26）羊肝与竹笋相克：同食会引起中毒。

（27）猪肉与鸭梨相克：伤肾脏。

（28）鹅肉与鸡蛋相克：同食伤元气。

（29）鹅肉与柿子相克：同食严重会导致死亡。

（30）鸡肉与鲤鱼相克：性味不反但功能相乘。

（31）鸡肉与芥末相克：两者共食，恐助火热，无益于健康。

（32）鸡肉与大蒜相克。

（33）鸡肉与菊花相克：同食会中毒。

（34）鸡肉与糯米相克：同食会引起身体不适。

（35）鸡肉与狗肾相克：会引起痢疾。

（36）鸡肉与芝麻相克：同食严重会导致死亡。

（37）鸡蛋与豆浆相克：降低人体对蛋白质的吸收率。

（38）鸡蛋与地瓜相克：同食会腹痛。

（39）鸡蛋与消炎片相克：同食会中毒。

（40）鹿肉与鱼虾相克：癌症患者不宜同食。

（41）兔肉与橘子相克：引起肠胃功能紊乱，导致腹泻。

（42）兔肉与芥末相克：性味相反，不宜同食。

（43）兔肉与鸡蛋相克：易产生刺激肠胃道的物质而引起腹泻。

（44）兔肉与姜相克：寒热同食，易致腹泻。

（45）兔肉与小白菜相克：容易引起腹泻和呕吐。

（46）狗肉与鲤鱼相克：二者生化反应极为复杂，可能产生不利于人体的物质。

（47）狗肉与茶相克：产生便秘，代谢产生的有毒物质和致癌物积滞肠内被动吸收，不利于健康。

（48）狗肉与大蒜相克：同食助火，容易损人。

（49）狗肉与姜相克：同食会腹痛。

（50）狗肉与朱砂与鲤鱼相克：同食会上火。

（51）狗肉与狗肾相克：会引起痢疾。

（52）狗肉与绿豆相克：同食会胀破肚皮。

（53）狗血与泥鳅相克：阴虚火盛者忌食。

（54）鸭肉与鳖相克：久食令人阳虚，水肿腹泻。

（55）马肉与木耳相克：同食易得霍乱。

（56）驴肉与金针菇相克：同食会引起心痛，严重会致命。

（57）鲤鱼与咸菜相克：可引起消化道癌肿。

（58）鲤鱼与赤小豆相克。

（59）鲤鱼与猪肝相克：同食会影响消化。

（60）鲤鱼与甘草相克：同食会中毒。

（61）鲤鱼与南瓜相克：同食会中毒。

（62）鲫鱼与猪肉相克：二者起生化反应，不利于健康。

（63）鲫鱼与冬瓜相克：同食会使身体脱水。

（64）鲫鱼与猪肝相克：同食具有刺激作用。

（65）鲫鱼与蜂蜜相克：同食会中毒。

（66）鳝鱼与狗肉相克：二者同食，温热助火作用更强，不利于常人。

（67）鳗鱼与牛肝相克：二者起生化反应，不利于健康。

（68）黄鱼与荞麦面相克：同食会影响消化。

（69）虾与富含维生素C的食物相克：生成砒霜，有剧毒。

（70）虾皮与红枣相克：同食会中毒。

（71）虾皮与黄豆相克：同食会影响消化。

（72）螃蟹与梨相克：二者同食，伤人肠胃。

（73）螃蟹与茄子相克：二者同食，伤人肠胃。

（74）螃蟹与花生仁相克：易导致腹泻。

（75）螃蟹与冷食相克：必导致腹泻。

（76）螃蟹与泥鳅相克：功能正好相反，不宜同吃。

（77）螃蟹与石榴相克：刺激胃肠，出现腹痛、恶心、呕吐等症状。

（78）螃蟹与香瓜相克：易导致腹泻。

（79）螃蟹与地瓜相克：容易在体内结成柿石。

（80）螃蟹与南瓜相克：同食会引起中毒。

（81）螃蟹与芹菜相克：同食会引起蛋白质的吸收。

（82）海蟹与大枣相克：同食容易患寒热病。

（83）毛蟹与泥鳅相克：同食会引起中毒。

（84）毛蟹与冰相克：同食会引起中毒。

（85）海味食物与含鞣酸食物相克：海味食物中的钙质与鞣酸结合成一种新的不易消化的鞣酸钙，它能刺激肠胃并引起不适感，出现肚子痛、呕吐、恶心或腹泻等症状。含鞣酸较多的水果有柿子、葡萄、石榴、山楂、青果等。

（86）海带与猪血相克：同食会便秘。

（87）蛤与芹菜相克：同食会引起腹泻。

（88）海鱼与南瓜相克：同食会中毒。

（89）鳖肉与苋菜相克：同食难以消化。

（90）鳖肉与鸭蛋相克：二物皆属凉性，不宜同食。

（91）鳖肉与鸡蛋相克。

（92）鳖肉与鸭肉相克：同食会便秘。

（93）田螺与香瓜相克：有损肠胃。

（94）田螺与木耳相克：不利于消化。

（95）田螺与冰制品相克：导致消化不良或

腹泻。

（96）田螺与牛肉相克：不易消化，会引起腹胀。

（97）田螺与蚕豆相克：同食会肠绞痛。

（98）田螺与蛤相克：同食会中毒。

（99）田螺与面相克：同食会引起腹痛、呕吐。

（100）田螺与玉米相克：同食容易中毒。

（101）鱼肉与西红柿相克：食物中的维生素C会对鱼肉中营养成分的吸收产生抑制作用。

（102）生鱼与牛奶相克：同食会引起中毒。

（103）甲鱼与黄鳝与蟹相克：孕妇吃了会影响胎儿健康。

（104）墨鱼与茄子相克：同食容易引起霍乱。

（105）鲶鱼与牛肉相克：同食会引起中毒。

（106）芹菜与黄瓜相克：芹菜中的维生素C将会被分解破坏，降低营养价值。

（107）芹菜与蚬、蛤、毛蚶、蟹相克：芹菜会将蚬、蛤、毛蚶、蟹中所含的维生素B_1全部破坏。

（108）芹菜与甲鱼相克：同食会中毒。

（109）芹菜与菊花相克：同食会引起呕吐。

（110）芹菜与鸡肉相克：同食会伤元气。

（111）黄瓜与柑橘相克：柑橘中的维生素C会被黄瓜中的分解酶破坏。

（112）黄瓜与辣椒相克：辣椒中的维生素C会被黄瓜中的分解酶破坏。

（113）黄瓜与花菜相克：花菜中的维生素C会被黄瓜中的分解酶破坏。

（114）黄瓜与菠菜相克：菠菜中的维生素C会被黄瓜中的分解酶破坏。

（115）葱与狗肉相克：共增火热。

（116）葱与枣相克：辛热助火。

（117）葱与豆腐相克：形成草酸钙，造成了对钙的吸收困难，导致人体内钙质的缺乏。

（118）大蒜与蜂蜜相克：性质相反。

（119）大蒜与大葱相克：同食会伤胃。

（120）蒜与何首乌相克：同食会引起腹泻。

（二）常见病症饮食宜忌

1. 糖尿病

低糖：控制血糖是糖尿病患者最需要重视的。

低糖食物在消化道内停留时间长，吸收率低，葡萄糖释放缓慢，可抑制餐后血糖的升高，有利于餐后血糖的平稳。单糖和双糖的吸收比多糖快，可直接进入血液，使血糖迅速升高。所以糖尿病患者避免食用各种单糖、双糖（如糖果及含糖的点心、冷饮、果汁等，当病情控制不好时还应避免吃水果），首选多糖。

低脂：脂肪是导致糖尿病进一步恶化的最危险因素，坚持低脂肪饮食能降低糖尿病并发症的概率。糖尿病患者宜适当吃一些全麦面包、菜花、茄子、土豆、黄瓜、苦瓜、玉米等低脂食物。

低热量：糖尿病患者应坚持食用低热量的食物，低热量的食物有助于去除身体中妨碍胰腺分泌胰岛素的脂肪，多吃芹菜、黄瓜、白菜、绿豆芽、柿子椒、茄子等，有助于保持血糖稳定。

低盐：体内钠盐过高可能会并发高血压，糖尿病患者每天食盐用量应控制在6克以内。当用了酱油、大酱等调料时，盐的用量要继续降低。

最佳食材：燕麦（延缓餐后血糖上升）、黑豆

（促进胰岛素分泌）、菠菜（维持血糖稳定）、苦瓜（被誉为植物胰岛素）

慎用食材：蛋糕（高热、高糖）、肥肉（高脂肪）、鹅肝（不利于血糖控制）、葡萄（对糖尿病、肾病患者有害）

2. 高血压

低盐：导致高血压的一个主要诱因是食盐摄入过多。当身体里氯化钠过量时，钠和氯离子会引起细胞外液增多，使钠和水潴留，细胞间液和血容量增加，血压升高。所以，平时要坚持低盐、清淡饮食。

补充钾、钙、镁：钾不仅能帮助排除体内多余的钠，维持体内的钾钠平衡，还能促进胆固醇排泄，增加血管弹性。钙对心血管也有保护作用，血液中的钙可以强化、扩张动脉血管，有助于降低血压。在补钙的同时要注意补镁，镁能促进钙的吸收利用。各种豆类、谷类、奶类以及蔬菜等是钙、钾、镁的主要来源。

低脂、少油：高血压患者不仅要少吃饱和脂肪酸含量高的肥牛、肥羊、肥猪肉等，还要少吃动物肝脏、蛋黄等胆固醇含量高的食物。食用油要以植物油代替动物油，一般每日总量不能超过30克。

最佳食材：芹菜（增加血管弹性，有效降

压)、荞麦(降低血清胆固醇，改善血脂)、鸭肉(缓解血压升高引起的头晕)、山楂(扩张血管、降低血压)

慎用食材：油饼(高油，可引起动脉粥样硬化)、肥肉(高胆固醇)、咸菜(高盐)、螃蟹(含胆固醇较高，加重心血管病)

3. 高血脂

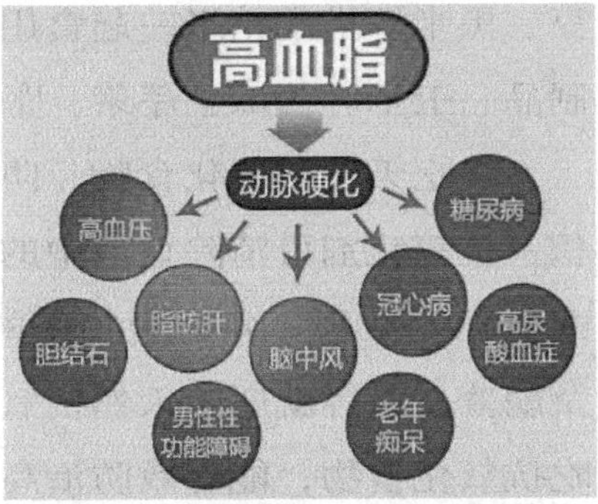

多吃含好胆固醇的食物：好胆固醇扮演着肠道清道夫的角色，能将周围组织里多余的胆固醇送回肝脏处理，排出体外，防止动脉粥样硬化形成，减少冠心病、中风等事件发生。血脂异常患者在摄取食物时，需要特别注意其中胆固醇的含量，应保持每天胆固醇的摄入量小于300毫克，最好多食用如橄榄油、生洋葱、大蒜、多脂鱼、燕麦等富含好胆固醇的食物。

远离脂肪：肥胖者由于机体脂肪过多，游离脂肪酸利用少，会导致血液中的脂肪含量升高，低密度脂蛋白高，而高密度脂蛋白少，患血脂异常的概率也就随之“水涨船高”。因此，适宜吃一些低脂

肪且有饱腹感的食物，如魔芋、玉米、山药、芋头等

高纤维饮食对降低胆固醇有效：食物纤维能促使胆汁向体外排泄，随之必须及时补充流失的胆汁，而胆固醇是胆汁的主要原料，为了生成胆汁液，体内的胆固醇就会被消耗，进而血液中胆固醇的水平就降低了。因此，宜多选用荞麦、燕麦、绿豆、黑米等搭配精米一起食用，也要多吃黄豆及其制品、玉米、苦瓜、芹菜、魔芋等。

多吃天然抗氧化食物，防止坏胆固醇氧化、堆积：抗氧化剂可清除血液中的自由基，防止坏胆固醇氧化、堆积。新鲜食物中的维生素C、维生素E及胡萝卜素等就属于天然抗氧化剂，所以，我们常吃抗氧化食物，能有效防治高血压。天然抗氧化的食物有番茄、葡萄、绿茶、鲑鱼等。

3—5—7饮食原则：

3——三高：高纤维、高植物蛋白质、高新鲜度

5——五低：低脂肪、低胆固醇、低盐、低糖及低酒精

7——七分饱

最佳食材：芹菜（可降低血液中胆固醇浓度）、香菇（能起到降胆固醇降血脂的作用）、苹果

（吸收多余胆固醇）、绿豆芽（将胆固醇排出去）、三文鱼（降甘油三酯是好手）、花生（植物固醇打败胆固醇）

慎用食材：奶油（可增加血液黏稠度，升高血脂）、白酒（诱发高血脂）、动物内脏（胆固醇含量较高易造成血脂异常）、白糖（导致高血脂发生）

4. 感冒

多喝水、清淡的菜汤以及新鲜的果汁：多喝水，可促进人体代谢并发汗，促使感冒及早治愈。清淡的菜汤和新鲜的果汁能促进胃液分泌，增进食欲。

少吃生冷、辛辣等刺激性食物：冷瓜果及冷饮等，因其寒性会使黏膜、血管收缩。风热感冒忌食辣椒、芥末等辛热食物，以免助火生痰。

忌乱用感冒药：许多患了感冒的人为了使病情尽快好转，常常同时服用多种感冒药，其实这是一种错误的做法。抵抗力强的人，一般可不经任何药物治疗而治愈，长期吃药反而会使之产生抗药性。但婴儿和老人体弱，如治疗不当会加重某些疾病，合理选用必要的抗感冒药是正确的。

最佳食材：猕猴桃（增强免疫力，抗感冒）、胡萝卜（提高呼吸道黏膜的抵抗力）、番茄（维生素C高，提高免疫力）、姜（适合风寒感冒患者食用）、洋葱（抗寒杀菌，抵御感冒病毒）、黄瓜（碱

性食物，可调节酸碱平衡）

5. 发烧

多喝水：大量饮水有助于抵抗病毒，促进毒素排出，缓解症状。尤其是儿童发烧时，如果食欲不振，不要勉强进食，待有饥饿感时再吃，但要及时补充水分。

不要强迫进食：有人认为发烧消耗营养，不吃东西不利于身体机能的恢复，恰恰相反，强迫进食，尤其进食一些高营养的食物，不仅不会促进食欲，反而会倒胃口，甚至呕吐、腹泻等。

多吃蔬菜水果：多吃富含维生素的食物，会对产生抗体的单核巨噬细胞系统有较好的营养及调理作用。绿叶蔬菜含有较多的维生素C，对感冒病毒有一定的抑制作用。许多蔬菜水果如萝卜、猕猴桃、梨、柑橘、蘑菇等，能提高人体免疫力。

最佳食材：荸荠（寒性食物、清热生津）、绿豆（性味甘凉，有清热解毒的功效）、梨（能清热、生津、止渴，对各种原因引起的发热有效果）、玉米（锌能增强人体抗病能力）。

慎用食材：鸡蛋（富含蛋白质，会在体内产生热量，加剧发烧症状）、蜂蜜（是益气补中的食物，食后不利于消除患者体内的热度）、牛肉（属于温补食物，发热期间忌食）、鱼类（属发物，不利病情康复）。

6. 腹泻

少食多餐，低脂流质饮食：急性期患者常有呕吐、腹泻等症状，失水较多，因此需补充液体，可供给鲜果汁、藕粉、米汤、蛋汤、烂面条、面片等流质的食物。少吃多餐会减轻胃的负担，有助于恢复肠胃的消化功能。

多补充水分：腹泻最直接的害处就是造成人体内水分的大量流失，如果不及时补充很容易导致脱水，后者会更加的严重。所以腹泻的时候，即使不感觉口渴，也要有意识地要求自己喝水。

远离辛辣、生冷刺激的食物：辛辣食物会刺激消化道黏膜，从而加重腹泻。这些刺激性食物有辣椒以及带有辣味的食物，如芥末、胡椒、大蒜、生姜、葱等。生冷食物吃进去之后会加重胃肠负担，增加肠胃蠕动，加重腹泻。另外生冷食物容易携带细菌，这样会使腹泻症状更加严重。

勿盲目吃药：普通腹泻属于人体正常生理反应，并不需要吃抗生素药物，人体本身就可自行调节好。但可以喝类似藿香正气水等缓解腹部不适。

但如果肠道感染造成急性腹泻，应及时就医。

最佳食材：葡萄（有收敛、止泻的功效）、石榴（收敛涩肠的作用，尤其适合慢性腹泻患者食用）、黄豆（能补充腹泻所流失的营养）、山药（具有健脾止泻的功效）

慎用食材：韭菜（增进胃肠蠕动，加剧腹泻症状）、豆浆（会使肠内胀气，加重腹泻）、辣椒（刺激肠胃，会刺激消化道黏膜，让腹泻症状更加严重）、冷饮（加重腹泻）

第二节 健康饮食习惯

一、日常饮食习惯

（一）主食

1. 每天需要的主食量

主食是指传统上餐桌上的主要食物，是所需能量的主要来源。要想吃得健康，控制食量，一定要重视主食，主食是种“天然消化

药”。由于主食是碳水化合物特别是淀粉的主要摄入源，因此以淀粉为主要成分的稻米、小麦、玉米等谷物，以及土豆、甘薯等块茎类食物被不同地域的人当作主食。主食应坚持谷类为主，能避免高能量、高脂肪和低碳水化合物膳食的弊端，提倡一天的主食量在250～400克为宜。

2. 主食的选择

（1）清淡少油：东方饮食的优点之一，就是用清淡的主食搭配味道丰富的菜肴。但眼下的各种“花样”主食，比如餐馆提供的葱油饼、金丝饼、肉丝面、奶油小馒头等“美味主食”，无论其外形和名称如何，往往有一个共同特点：加入了盐和大量的油脂，特别是馅饼和抛饼，其中的脂肪以饱和脂肪为主，非常不利于心血管的健康。再加之过腻、过咸的菜肴中已经摄入了过量的脂肪和盐，如果主食再带来一部分脂肪和盐，必然会加重这种过剩的趋势，对身体带来极大的负担，危害不可小觑。

（2）种类多样：人们普遍偏爱精白米和富强面粉，无论是面包、点心、各种面食和米制品，几乎都是用精米白面做成的。这种饮食看起来花样繁多，实际上过于单调。并且，在米和面的精磨加工过程中，谷粒中70%以上的维生素和矿物质流失，纤维素的损失更大。事实上，各种粗粮、淀粉豆、薯类和少数富含淀粉的蔬菜都可以当作主食，以补充精米白面中缺乏的营养成分。运动不多的人，特别是中老年人，每天摄入的食物数量较少，更应当注意品种的多样化和营养质量。每天最好能够吃到一两种粗粮，而且其品种应该经常更换，有利于维持膳食营养平衡。

（3）血糖生成指数低：随着年龄的增长，许多人体重增加、血糖上升，出现胰岛素抵抗等状况。因此，选择主食应当格外重视血糖生成指数。要降低血糖生成指数，需要注意选择含粗粮、杂粮的食物，而不是只吃精米白面。燕麦、荞麦是经典的低血糖生成指数食品，把粮食类食物和牛奶、鸡蛋、豆类、豆制品一起食用，或者加醋佐餐，也有利于降低血糖生成指数。此外，要尽量避免吃加糖的主食。自己制作甜味主食的时候，最好用木糖醇、低聚糖等非糖甜味剂。

（4）营养强化：随着年纪增长，人体的食量减少、咀嚼能力较差，营养吸收能力下降，需要更多的营养素与衰老作斗争。食量少的人容易出现缺钙、缺铁、缺锌、缺维生素等现象，这就对食物的营养质量提出了更高的要求。

目前市面上有很多营养强化的主食，包括强化钙、铁或锌的面粉，强化B族维生素的面包，强化多种营养素的挂面等，都可以作为成年人主食的选择。

有了清淡少油、种类多样、低血糖生成指数和营养强化四个原则，再采用容易消化的烹调方法，就足以保证主食的健康。

3. 宜先吃主食后吃菜

现下人们就餐有个习惯，先吃菜后吃主食，其实，这样不仅不利于营养均衡，还影响胃肠的消化功能。建议先吃主食再吃菜，这样有利于刺激唾液分泌淀粉酶，对食物进行消化，进而可以刺激胃酸的分泌，增强胃的消化能力。

大部分的主食都属于碳水化合物，很容易被人体消化和吸收，且容易让人有饱腹感，能减少荤菜的摄入，可以避免吃得太油腻，自然不会导致积食的现象，也不会产生毒素。相比而言，一些高蛋白或高脂肪类的食物，在人体代谢中会产生许多对人体有害的物质。

所以，吃饭时可先吃些主食，或是粗粮如南

瓜、红薯、山药等，或者一口主食一口菜搭配来吃。

4. 主食摄入不足危害大

人们在丢掉主食的同时，可能并未意识到我们也丢掉了健康。如果人体热量供应不足，就会动用组织蛋白质及脂肪来解决，而组织蛋白质的分解消耗，会影响脏器功能；大量脂肪酸氧化，还会生成酮体，导致酮症，甚至酮症酸中毒。美国营养学家的最新研究显示，主食吃得少的人，坏胆固醇会增高，患心脏病的风险更大。另一项美国研究也显示，如果一周不进食面包、面条、土豆等主食，大脑的记忆与认知能力就会受到损害。而中国传统医学更强调“五谷为养”，主食摄入不足，容易导致气血亏虚、肾气不足，带来疲劳、脱发等困扰。

（二）蔬菜

1. 淘米水去农药

在实际生活中，淘米水是比较常见的。我们几乎都是以大米为主食，生活中的淘米水我们听得最多的就是拿它浇花施肥，而用它

去除农药残留也是效果较好的“良方”。淘米水呈弱碱性，可以中和农药成分，减弱药效；淘米水中含有的淀粉具有较强的黏性，有助于农药从蔬菜表面分离。所以，用淘米水浸泡、冲洗蔬菜，简单方便，易于实施，成效显著。

2. 水洗后不宜再贮存

很多人喜欢将蔬菜洗过之后储藏，这样不但不容易保存，而且会使蔬菜烂得更快。因为蔬菜的茎叶细胞外的渗透压和细胞呼吸均发生了变化，加速了茎叶细胞的死亡，从而使蔬菜烂得更快。

3. 洗菜的时候不要浸泡

有人洗菜时习惯浸泡，认为这样才能将农药等毒素清洗干净，其实不然。浸泡时如果菜没洗干净，还有农药残留，会越泡越脏。如果浸泡超过30分钟，还会造成维生素流失。买回来的菜先置室温半天让农药挥发，再用清水多冲洗几次就可以了。

4. 凉拌菜加蒜泥

蒜汁中的有机硫化物、柠檬汁中的维生素C和其他还原性物质能够阻断亚硝酸盐合成亚硝胺致癌物。凉拌蔬菜或腌制蔬菜时，放入葱、姜、蒜、辣椒都有利于降低亚硝酸盐的含量。

（三）水果

1. 肥胖者别大量吃水果

只吃水果，当心患上胖人易得的血糖或血脂过高等疾病。因为水果本身富含糖类，如果你吃太多糖类食物，又少运动，会产生血糖或血脂过高的问题。这一点，肥胖、糖尿病、高脂血症和脂肪肝患者，还有只吃水果餐减肥的女性，以及孕妇们要特别注意。

2. 水果不宜榨汁喝

如今越来越多的家庭购置了榨汁机，觉得喝新鲜的水果汁既美味又方便。因为喝水果汁会减少人们对水果中富含的纤维素的摄取。而这些纤维素具有预防和减少糖尿病、心血管疾病等的保健功效，还能有效地刺激肠胃蠕动，促进排便。

3. 切好的水果要少买

水果是维生素C的主要来源，维生素C容易在空气中氧化，高温及阳光都会使其流失，而预先去皮、切开的鲜果，营养成分可能会减低。水果表面容易受污染物、化学物品、动物排泄或沙门菌等细菌污染。假如新鲜水果没有经消毒处理，水果表面便可能会有沙门菌类。而用刀具切开没有清洗的新鲜水果时，受污染的水果外皮的细菌会经刀传给食用部分。

4. 不宜多吃的水果

多数人认为水果营养成分高，多吃对身体有益。其实，水果也不是多多益善的，有些水果也不宜多吃。

椰子：虽不含胆固醇，但饱和脂肪含量较高，会令人体胆固醇水平上升。日常生活中也有不少食品采用椰子和其制成品作为材料，如椰挞、鸡尾包、椰汁糕点、椰汁西米露和用椰浆制作的咖喱、葡汁等。

牛油果：牛油果所含的虽为单不饱和脂肪，有助于促进心脏健康，但若需控制体重，便不宜多吃。

菠萝：菠萝中含有一种叫菠萝蛋白酶的过敏物

质，对这种物质过敏的人食用菠萝后会产生腹泻、恶心、呕吐、皮肤痒、潮红等中毒症状。

柿子：柿子不宜多吃，忌食用未熟、未去皮和核的柿子，柿子皮中鞣酸较多，会引起柿石症。尤其空腹时，更不能食用柿子，易形成胃结石。便秘和胃肠不好的人，都要少食柿子。

荔枝：荔枝吃多了会导致体内糖分代谢紊乱，引起食源性低血糖症，出现头晕、心慌、乏力。

橘子：橘子中有大量的叶红素，食用过多易引起皮肤上的黑色素沉着，它会破坏机体皮肤的障碍功能。

5. 不宜空腹食用的水果

西红柿含有大量的果胶、柿胶酚、可溶性收敛剂等成分，容易与胃酸发生反应，凝结成不易溶解的块状物。这些硬块可将胃的出口幽门堵塞，使胃里的压力升高，造成急性胃扩张而使人感到胃胀痛。如果说饭前先吃一颗番茄可以减肥的话，那是因为低热量的番茄已经先占去部分胃部空间，避免之后吃下过多热量。

柿子最好不吃没熟的柿子，吃过量也会有腹痛或是反胃的不适状况发生。空腹时胃中含有大量胃酸，它易与柿子中所含的柿胶酚、胶质、果胶和可溶性收敛剂等反应生成胃柿石症，引起心口痛、恶心、呕吐、胃扩张、胃溃疡，甚至胃穿孔、胃出血等疾患。

香蕉含有大量的镁元素，若空腹时大量吃香蕉，会使血液中含镁量骤然升高，造成人体血液内镁、钙的比例失调，对心血管产生抑制作用，不利健康。

黑枣含有大量果胶和鞣酸，易和人体内胃酸结合，出现胃内硬块。特别不能在睡前过多食用，患有慢性胃肠疾病的人最好不要食用。

橘子含有大量糖分和有机酸，空腹时吃橘子，会刺激胃黏膜，导致胃酸增加，使脾胃满闷、泛酸。

鲜荔枝含糖量很高，空腹食用会刺激胃黏膜，导致胃痛、胃胀。而且空腹时吃鲜荔枝过量会因体内突然渗入过量高糖分而发生“高渗性昏迷”。

菠萝内含的蛋白分解酵素相当强，如果餐前吃，很容易造成胃壁受伤。菠萝最好能泡一下淡盐水，吃太多嘴唇及舌头会发痒过敏，过食会让胃酸过多，也会让人觉得恶心。

山楂味酸，具有行气消食作用，但若在空腹时食用，不仅耗气，而且会增强饥饿感并加重胃病。

(四) 肉类

1. 动物身上不能食用的部分

禽类尾部上端长尾羽的部位叫作腔上囊，是淋巴腺体集中的地方，是藏污纳垢的仓库，不能食用。

鸡头不能吃：鸡的年龄越大，鸡头的毒性就越强，有句古谚语："十年鸡头胜砒霜"可见鸡头的毒性之大，这是因为鸡头内会聚集很多的重金属。

猪脖子上的肉疙瘩：吃的时候应该剔除猪脖子上的黄色、暗红色的肉疙瘩，这里面含有很多的毒素和细菌，一旦食用会引起疾病。

鸡脖子上的皮不能吃：鸡脖和鸭脖不要吃皮也不要吃到气管，皮里面含有大量的胆固醇，会增加患疾病的概率。

鱼类黑衣不能食用：鱼腹腔的两侧有一层黑色的薄皮，是最腥臭、泥土最多的地方，含有很多有害的物质，吃了对人体不但没有好处，还会很伤身。

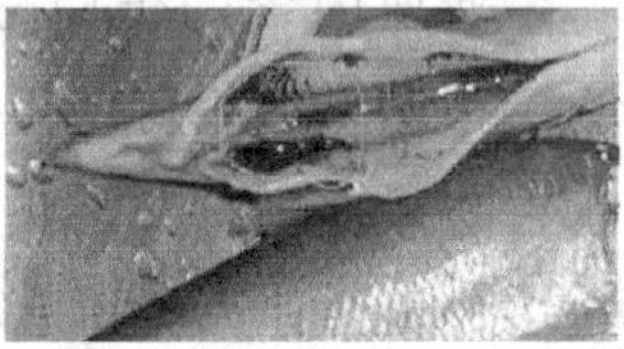

2. 咸肉不宜用油炸

咸鱼、咸肉用油炸后食用，对身体十分有害。因为这些食物中含有微量的亚硝胺，这种物质经油炸、油煎后会产生致癌物质。而煮熟、蒸透，亚硝胺会随着水蒸气蒸发掉。所以，咸鱼、咸肉不宜用油炸。

3. 猪肉不宜用热水浸泡

猪肉的肌肉组织和脂肪组织中含有大量蛋白质，猪肉蛋白质可分为肌溶蛋白和肌凝蛋白两种。

肌溶蛋白的凝固点是15～60℃，极易溶于水。当猪肉置于热水中浸泡的时候，大量的肌溶蛋白就溶于水排出体外了。

同时，在肌溶蛋白里含有肌酸、谷氨酸和谷氨酸钠盐等各种成分，这些物质被浸出后，会影响猪肉的味道。

为此，新鲜猪肉不要用热水浸泡，而应该用干净的布擦净，然后用冷水快速洗干净，不可久泡。

（五）水产品

1. 不宜吃的水产品

死鳝鱼、死甲鱼、死河蟹不能吃。上述水产品只能活宰现吃，不能死后再宰食，因为它们的肠胃里带有大量的致病细菌和有毒物质，一旦死后便会迅速繁殖和扩散，食之极易中毒甚至有生命危险，所以不能吃。

皮青肉红的淡水鱼不应吃。这类鱼往往鱼肉已经腐败变质，由于含胺较高，食后会引起中毒，故绝对不可食用。

染色的水产品切勿吃。有些不法商贩将一些不新鲜的水产品进行加工，如给黄花鱼染上黄色，给带鱼抹上银粉，再将其速冻起来，冒充新鲜水产品出售，以获厚利。着色用的化学染料肯定对人体健康不利，所以购买这类鱼时一定要细心辨别。

反复冻化的水产品应少吃。有些水产品销售时解冻，白天售不出去晚上再冻起来，日复一日反复如此，这不仅影响了水产品的品质、口味，而且会产生不利于人体健康的有害物质，故购买时需加以注意。

各种畸形的鱼不能吃。各江、河、湖、海水域极易受到农药以及含有汞、铅、铜、锌等金属废水、废物的污染，从而导致生活在这些水域环境中的鱼类也受到侵害，使一些鱼类生长不正常，如头大尾小、眼球突出、脊椎弯曲、鳞片脱落等。有的商贩往往将这种畸形鱼与正常鱼一起出售。因此，购买时要仔细观察，发现各种畸形的鱼以及食用时若发现鱼有煤油味、火药味、氨味以及其他不正常的气味时就应毫不犹豫地弃掉，以保安全。

2. 活鱼不宜马上烹调

鱼类死后肌肉会逐渐僵硬，若此时马上烹调后食用，不仅会感到肉质发硬，同时也不利于人体消化吸收。当死鱼放置一段时间后，最好过20分钟，鱼中丰富的蛋白质在蛋白酶的作用下，逐渐分解为人体容易吸收的各种氨基酸，这个时候再进行烹调味道就非常美味了。

3. 蒸鱼忌用小火

蒸鱼一定要用大火，在短时间内快速蒸熟，忌用小火慢慢蒸。因为如果用小火，鱼中的蛋白质就会逐渐凝固，失水退嫩，鲜味受损，肉质发柴。蒸鱼时间以8~10分钟为宜，若见鱼眼发白，鱼嘴张大，则说明鱼蒸透了。

（六）饮用水

1. 什么样的水才是好水

世界卫生组织（WHO）对世界长寿地区的大量调查结果进行分析，提出了优质饮用水的6条标准：

（1）没有有害人体健康的物理性、化学性和生物性污染。

（2）含有适量的有益于人体健康并呈离子状态的矿物质（钾、镁、钙等）。

（3）水的分子团小，溶解力和渗透力强。

（4）应呈现弱碱性（pH为8～9）。

（5）水中含有溶解氧（5毫克/升左右），含有碳酸根离子。

（6）可以迅速有效地清除体内的酸性代谢产物和各种有害物质。

2. 怎样喝水

“口渴不急饮”是我们要谨记的。感到口渴时，一次喝太多，超过胃的容纳量，胃膨胀过大会引起胃不舒服。并且，胃里突然涌进了大量的水，一下子把胃液冲淡了，必然影响胃液的消化及杀菌作用。

最重要的是，当大量水分被血液吸收以后，血液量骤然增多，心脏的负担加重，就会出现心慌、气短、胸闷等不适的感觉。肾功能不好的人，还会出现水肿或加剧水肿。

3. 如何正确选择饮用水

想要正确地选择饮用水，首先您能分得清下面这些水的区别，这是我们每一个人热爱健康的人都十分关注的问题。

（1）矿泉水

矿泉水是指从地下深处自然涌出或人工开采所

得到的未受污染的天然地下水，经过过滤、灭菌灌装而成。矿泉水中含有一定的矿物质，其中的矿化物多呈离子状态，容易被人体吸收。不同水源的水中矿物质含量也不同，应注意选用。

（2）天然水

天然水是直接取自天然水源（地表水或地下水），经过一系列处理工艺净化消毒后的水，呈天然弱碱性。它是最符合人体需要的饮用水，应为首选。

（3）纯净水

一般以城市自来水为水源，通过多层过滤，可将微生物等有害物质去除，但同时也去除了氟、钾、钙、镁等人体所需的矿物质。长期饮用纯净水，对人体的矿物质营养不利。少选为佳。

（4）人造矿化水

人造矿化水（又称矿物质水）通过人工添加矿物质来改善水的矿物质含量。这样的水虽然在纯净水中增加了部分矿物元素，但是添加的矿物质被人体吸收、利用的情况以及对人体健康的作用如何，尚需要进一步研究。宜慎重选用。

4. 不宜喝的水

（1）生水即自来水

自来水在输送过程中会被各种有害的细菌、病毒、寄生虫所污染。没有煮沸而直接饮用的话，会引起肠胃炎、病毒性肝炎、痢疾和寄生虫感染等。

（2）没有烧开的水

饮用未烧开的水，患膀胱癌、直肠癌的概率会增加20%～38%；当水温达到100℃时，有害物质和细菌会随蒸汽蒸发或被杀死，如继续沸腾3分钟，饮用更安全。

（3）"千滚水"

沸腾很长时间的水，或者是反复煮沸后的水。这种水因煮得太久，水中的重金属成分和亚硝酸盐含量很高，长期喝"千滚水"会影响胃肠功能，出现腹泻、腹胀等，还会造成机体缺氧等症状。

（七）饮料

（1）少喝碳酸饮料

碳酸饮料的成分为糖、色素、香精及碳酸盐等，热量高，除糖外几乎不含任何对人体有益的营养成分，长期饮用会引起肥胖、骨密度降低等问题。更重要的是其中的色素和香精会对肾脏造成很大的负担，是引起糖尿病的一大隐患。碳酸饮料中大部分都有磷酸，这种磷酸会极大地影响人体对钙的吸收，引起钙流失，对儿童发育和老年人的骨骼有不利的影响。

（2）冲泡绿茶时水温不宜过高

冲泡绿茶时，水温不可高于85℃，因为绿茶多数是没有经过发酵的茶叶，如果用太烫的水去冲泡，会把茶叶中的苦涩的味道冲泡出来，影响口感。

二、四季饮食

我国古代对一年季节的划分有四季和五季两种方法。因人体有五脏，故常用五脏与五季相对应来说明人体五脏的季节变化。《内经素问·脏气法时论》就是以肝主春、心主夏、脾主长夏、肺主秋、肾主冬来分别对应的。其含义是说春天肝脏功能强盛，夏天心脏功能强盛，长夏脾脏功能强盛，秋天肺脏功能旺盛，冬天肾脏功能强盛。正因为五脏与五季相应，因此在春、夏、长夏、秋、冬这五个季节应分别以相应的脏器作为养生重点。

（一）春以养肝

春天万物复苏，细菌也大量繁殖，肝脏是人体的解毒器官，细菌大量地繁殖加大了肝脏解毒的负担，所以春天要补充肝脏能量。春季气温多变、不稳定，这个时期的饮食起居都要做合理的调整，在饮食方面总结为三宜三忌。

1. 宜营养均衡

春季人体能量消耗快，这个时候对蛋白质、糖类、碳水化合物、维生素等的需求都非常大，因此饮食要以均衡营养为主，不能偏食，除了吃主食、杂粮之外，还可以增加一些豆制品、乳制品等。

2. 宜蔬菜多样

蔬菜一直被公认最为养生，蔬菜没有脂肪含量，没有肉类中的寄生虫、细菌等，蔬菜中还含有大量的维生素和微量元素，是人体不可多得的营养补给品。在春天要多吃当季的、有芬芳气味的、颜色丰富的蔬菜，例如：胡萝卜、小白菜、菠菜、香菜、芹菜等。

3. 宜清淡

饮食之道一个重要的方面就是清淡，清淡的食物容易消化，人体更容易吸收其中的营养。春季人们常常会感觉皮肤干燥、口舌干燥、火气旺等，这个时候就要更加调整饮食规律，以清淡为主，太油腻、辛辣的食物只会加重春季上火的状况，也会影响营养的吸收。

4. 忌生冷食物

虽说春季气温暖和，最好不要吃太凉性的食物，不然容易引起肠胃不适、腹泻等情况。春季人体免疫力整体下降，太过生冷的东西刺激肠胃，对人体百害而无一利。

5. 忌辛辣食物

辣味食物有保暖御寒的作用，适合冬季食用，春季吃辛辣的食物会造成人体内火旺盛，火气淤积导致便秘、口舌生疮等不良状况，春季健康饮食一定要忌辛辣。

6. 忌油腻食物

冬季吃惯大鱼大肉等油腻的食物，春季有些人还是保留冬季的饮食习惯，这是不利于人体健康的，因为油腻的食物含有大量的动物脂肪，人体肠胃难以消化吸收，营养都吸收不了。

（二）夏以养心

夏季草木繁茂，各种草木开花结果。夏季气候炎热，白日较长，人们应该晚睡早起。夏季是新陈代谢最为旺盛的时期，阳气外发，伏阴在体，气血运行亦相应地旺盛起来，活跃于机体表面。夏天的特点是燥热，人易出现心神不宁、心烦气躁等问题。养心、清燥解热是夏季养生的关键。

1. 宜多喝水

在炎热的夏季，人体会排出大量汗液，汗液的排出，导致人身体大量缺水。因此，夏季多喝水是人体必需的。夏季出汗多，人身体也很容易有汗味，而多喝水也可以减少汗味，可以起到稀释汗液的作用。

2. 宜补盐补钾

夏天出汗多，人身体中的盐分就会大大降低。因此，在夏季，不要忘了多吃一些咸味的食品，来补充人体内缺水的盐分，达到身体所需的平衡。

3. 宜多吃苦味食物

由于夏季天气太热，很多人都喜欢吃冰过的甜点以及饮料等，他们感觉好吃，但是却不知道甜点等甜食会让我们的身体吸收比平时更多的热量。因此，在一日三餐中，我们可以注意多吃些苦味的食物，比如苦瓜等。苦味的食物也许品尝起来不是那么适口，但是它却是消暑降火的健康食品，而且还具有美容养颜的功效。

4. 宜清补

很多人都觉得夏季不需要补，只有冬天才要补，这个观点是错误的。夏季也是要补的，但是应该选择清补。最好是选择那些健脾、祛暑化湿的食物，而不是选择麻辣火锅之类的食物。

5. 宜补充维生素

夏季温度较高，人体的新陈代谢也会加快，很容易导致缺乏各种维生素。有些人可能会选择维生素片，其实大可以选择食补，直接多吃水果蔬菜效果更好。因此，在夏季就多吃些水果蔬菜，少吃点肉。

6. 宜多吃凉食

夏季气温很高，天气非常炎热，我们可以适当地喝一些冷饮或者是吃一些凉点的食物，可以让人感觉很舒服，而且还能起到祛暑降温的作用。可是，这些凉的食物不宜吃得太多，吃多了很容易伤胃。因此，不要所有的食物都从冰箱中拿出来就直接食用，最好是缓一会儿，等不是那么冰再吃。

7. 忌生食水产品

水产品的营养价值很高，而且味道也很好，特别是夏天生食口感也很棒。但是，像醉虾、醉蟹等海鲜食品，安全风险都很高。因此，在夏天最好少吃这种类型的食物。如果你实在喜欢日本料理这类食物，最好选择卫生干净的餐厅。

8. 吃水果应该适量

夏天一到，很多爱美的女士们，都想保持苗条的身材，长期靠水果来生存。这样是很不好的，长期只吃水果，会导致我们蛋白质摄入量不足，对人体的内分泌系统、消化系统、免疫系统等都会产生不利影响。因此，为了保持好身材，我们也该在健康的前提下减肥。

（三）秋以润肺

进入立秋后，夏季炎热的暑气逐渐消退，天气逐渐凉快下来，但阳光充足，秋高气爽，早晚和白天温差较大，人们更是形象地称之为“秋老虎”。随着秋雨的降临，冬天的寒意也紧随而至，人体经过夏季的过多损耗，需要在此时及时补充。《管子》中记载“秋者阴气始下，故万物收”，建议人们多晒太阳，锻炼身体，调整饮食结构。

1. 养肺为要

秋气内应肺。肺是人体重要的呼吸器官，是人体真气之源，肺气的盛衰关系到寿命的长短。秋季气候干燥，很容易伤及肺阴，使人患鼻干喉痛、咳嗽胸痛等呼吸疾病，所以饮食应注意养肺。要多吃些滋阴润燥的食物，如银耳、甘蔗、燕窝、梨、芝麻、藕、菠菜、鳖肉、乌骨鸡、猪肺、豆浆、饴糖、鸭蛋、蜂蜜、龟肉、橄榄。多食芝麻、核桃、糯米、蜂蜜、甘蔗等，可以起到滋阴润肺养血的作用。此外还可适当食用一些药膳，如参麦团鱼、蜂蜜蒸百合、橄榄酸梅汤等。

2. 少辛增酸

秋季，肺的功能偏旺，而辛味食品吃得过多，会使肺气更加旺盛，进而还会伤及肝气，所以秋天饮食要少食辛味食物，如葱、姜、蒜、韭菜、辣椒等。在此基础上多吃些酸味食物，以补肝气，如苹果、石榴、葡萄、杧果、樱桃、柚子、柠檬、山楂、番茄、荸荠等。

3. 宜多吃粥

初秋时节，天气仍较热，空气潮湿，闷热蒸人，且秋季瓜果成熟，难保人们不贪食过度，这些均会伤损脾胃，所以秋天早晨多吃些粥，既可健脾养胃，又可带来一日清爽。秋天常食的粥有山楂粳米粥、鸭梨粳米粥、兔肉粳米粥、白萝卜粳米粥、杏仁粳米粥、橘皮粳米粥、柿饼粳米粥等。

4. 宜补汤汁

秋季饮食以滋阴润燥为原则，在此基础上，每日中、晚餐喝些健身汤，一方面可以渗湿健脾、滋阴防燥，另一方面还可以进补营养、强身健体。秋季常食的汤有百合冬瓜汤、猪皮番茄汤、山楂排骨汤、鲤鱼山楂汤、鲢鱼头汤、鳝鱼汤、赤豆鲫鱼汤、鸭架豆腐汤、枸杞叶豆腐汤、平菇豆腐汤、平菇鸡蛋汤、冬菇紫菜汤等。

5. 宜多吃鱼

秋天是需要进补的季节，但很多人都害怕大量进补导致肥胖，不妨吃点鱼肉。鱼肉脂肪含量低，其中的脂肪酸被证实有降糖、护心和防癌的作用。鱼肉中的维生素D、钙、磷，能有效地预防骨质疏松症。

（四）冬以养藏

“冬三月，此谓闭藏，水冰地坼，无扰乎阳，早卧晚起，必待日光，使志若伏若匿，若有私意，若已有得，去寒就温，无泄皮肤，使气亟夺，此冬气之应，养藏之道也。”因为冬三月人体的皮肤较为紧密，出汗较少，摄入营养物质较为容易被机体储存起来，况且冬季人的食欲相对较为旺盛，所以说此时是食疗食补的最佳时机。

1. 能量应平衡

冬季，天寒地冻。生活在北方的居民，有供暖

设施，虽然在室外活动倍感寒冷，但室内温暖如春。但在南方，室内没有集中供暖设施，室内室外温度一个样，甚至室内还比室外冷，人体对能量的需要增加，需要注意能量的充足供应。保证足够量的主食，建议每天吃250~400克的谷类食物，除了馒头、米饭、窝头等，可以“软硬兼施”，经常喝粥。

动物性食物不仅含蛋白质丰富，还含有一定量的脂肪，可增强身体免疫力，提高抗寒防病能力。每天应该有150~250克的动物性食物，可以包括瘦肉、蛋、禽、鱼或奶等，经常变换种类。

2. 少食生冷，多喝粥汤

冬季食用生冷食物，容易刺激肠胃，造成腹痛、腹泻等。因此，注意选择适宜的烹调方式也很重要。建议在加工冬季食物时，尽量多采用炖、煮、蒸、烩等烹调方式，这样更易保存食物营养，有利健康。

3. 宜多吃蔬果

冬季干燥，特别是北方地区，由于吃肉较多，容易出现大便干燥。蔬菜水果中含有丰富的维生素和矿物质，还有丰富的膳食纤维，能增强机体免疫力，提高人体对寒冷的适应能力，并对血管具有良好的保护作用，还可以促进胃肠蠕动，防止便秘。因此，应注意蔬菜水果的补充。蔬菜可选择胡萝卜、白萝卜、大白菜、土豆、山药、莲藕、菠菜、油菜、芹菜、香菇、冬笋、娃娃菜等，水果可选择苹果、梨、猕猴桃、香蕉、柚子、柑橘等。

4. 适量补充，点到为止

冬季寒冷，日照时间缩短，人们的户外活动减少，很容易出现维生素D缺乏。注意经常吃富含钙和维生素D的食物，如奶类、豆制品、海产品、动物肝脏等。冬季可供选择的新鲜蔬菜和水果不如夏秋季节丰富，容易出现一些维生素和矿物质的摄入不足。因此，可以选择营养素补充剂，补充膳食中的不足，如维生素C、维生素D等。但是不应该作为营养素的主要来源，原则是适量、不过量。

第三节　八种体质饮食调养

一、阴虚体质

（1）体质特点：形体消瘦、面色潮红、口燥咽干、心中时烦、手足心热、少眠、便干、尿黄、不能耐受春夏之热、多喜冷饮、脉细数、舌红少苔。严重时可出现潮热盗汗（肺阴虚）、视物昏花（肝阴虚），或心悸健忘、失眠多梦（心阴虚），或腰酸背痛、眩晕耳鸣、男性遗精、女性月经量少（肾阴虚）。

（2）养生原则：补阴清热，滋养肝肾。阴虚体质者关键在补阴，以滋养肝肾二脏最为重要。

（3）饮食调养：应保阴潜阳，宜清淡，远肥腻厚味、燥烈之品。可多吃些芝麻、糯米、蜂蜜、乳品、甘蔗、鱼类等清淡食物，对葱、姜、蒜、韭、薤、椒等辛味之品则应少吃。

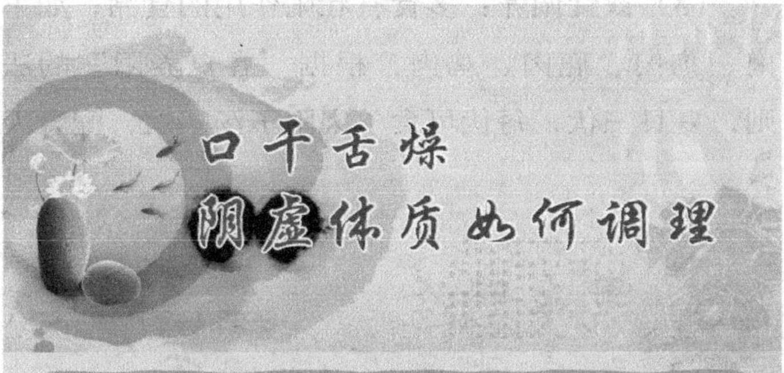

阴虚的人经常感觉口干舌燥，喉咙干，眼睛干涩。晚上睡觉时，经常觉得“五心潮热”，即两手心、两足心和心中发热。这种热不是温暖舒适的，而是令人烦躁坐立不安的，也影响睡眠。

二、阳虚体质

（1）体质特点：形体白胖或面色淡白无华、怕寒喜暖、四肢倦怠、小便清长、大便时稀、唇淡口和、常自汗出、脉沉乏力、舌淡胖。其人患病则易从寒化，可见畏寒蜷卧，四肢厥冷；或腹中绵绵作痛，喜温喜按；或身面浮肿，小便不利；或腰脊冷痛，下利清谷；或阳痿滑精，宫寒不孕；或胸背彻痛，咳喘心悸；或夜尿频多，小便失禁。

（2）养生原则：温补脾肾，因为对于阳虚者关键在于补阳。五脏之中，肾为一身的阳气之根，脾为阳气生化之源，故当着重补养。

（3）饮食调养：多食有壮阳作用的食品，如羊肉、狗肉、鹿肉、鸡肉，根据“春夏养阳”的法则，夏日三伏，每伏可食羊肉附子汤一次，配合天

地阳旺之时，以壮人体之阳。

三、气虚体质

（1）体质特点：形体消瘦或偏胖、体倦乏力、面色苍白、语声低怯、常自汗出、心悸食少、舌淡苔白、脉虚弱，是其基本特征。若病症加重，可出现气短懒言，咳喘无力；或食少腹胀，大便溏泄；或脱肛，子宫脱垂；或心悸怔忡，精神疲惫；或腰膝酸软，小便频多；男性滑精早泄，女性白带清稀。

（2）养生原则：补气养气，因肺主一身之气，肾藏元气，脾胃为“气生化之源”，故脾、胃、肺、肾皆当温补。

（3）饮食调养：可常食粳米、糯米、小米、黄米、大麦、山药、大枣、胡萝卜、香菇、鸡肉、鹅肉、兔肉、鹌鹑、牛肉、青鱼、鲢鱼。若气虚严

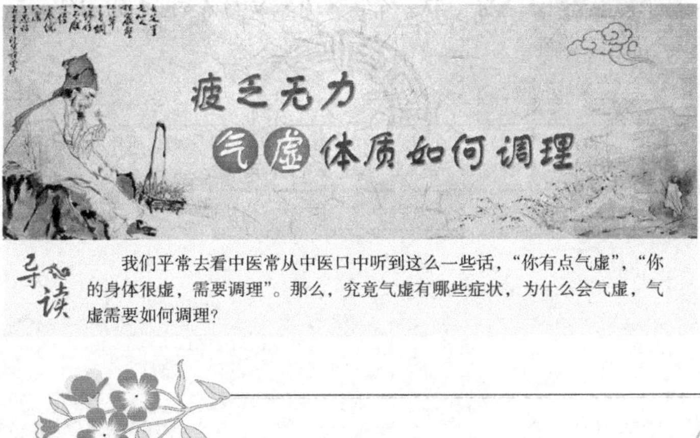

导读　我们平常去看中医常从中医口中听到这么一些话，“你有点气虚”，“你的身体很虚，需要调理”。那么，究竟气虚有哪些症状，为什么会气虚，气虚需要如何调理？

重，当选用“人参莲肉汤”等药膳补养。

四、湿热体质

（1）体质特点：口苦、口干、口臭、口唇红、面油光、多痤疮、多粉刺，男性多有阴囊潮湿，女性常有白带增多，性情急躁易怒。

（2）养生原则：湿热体质的人要注意疏肝利胆，清热祛湿。减少熬夜的次数，保证睡眠质量。

（3）饮食调养：应多食用具有清热利湿的食物，如薏苡仁、莲子、茯苓、紫菜、红小豆、绿豆、扁豆、鸭肉、鲫鱼、冬瓜、葫芦、苦瓜、黄瓜、芹菜、白菜、空心菜、卷心菜、莲藕等。禁忌辛辣燥烈、大热大补的食物和饮品。

五、特禀体质

（1）体质特点：过敏体质者常见哮喘、风团、咽痒、鼻塞、喷嚏等；患遗传性疾病者有垂直遗传、先天性、家族性特征；患胎传性疾病者具有母体影响胎儿个体生长发育及相关疾病特征。

（2）养生原则：益气固表，养血消风。

（3）饮食调养：忌荞麦、蚕豆、牛肉、鲤鱼、虾、茄子、酒、辣椒；宜食蜂蜜、金针菇、胡萝卜、枣、糙米。

六、瘀血体质

（1）体质特点：面色晦滞、口唇色暗、眼周暗黑、肌肤甲错、易出血、舌紫暗或有瘀点、脉细涩或结代。若病则上述特征加重，头、胸、胁、少腹或四肢等处有刺痛感。口唇青紫或有出血倾向、吐血、便黑等，或腹内有症瘕积块，女性痛经、经闭、崩漏等。

（2）饮食调养：可常食桃仁、油菜、慈姑、黑大豆等具有活血祛瘀作用的食物，可饮少量黄酒，山楂粥、花生粥亦颇相宜。

七、痰湿体质

（1）体质特点：形体肥胖、嗜食肥甘、神倦、懒动、嗜睡、身重如裹、口中黏腻或便溏、脉濡而滑、舌体胖、苔滑腻。若病则胸脘痞闷，咳喘痰多；或食少、恶心呕吐，大便溏泄；或四肢浮肿、按之凹陷，小便不利或浑浊；或头身重困、关节疼痛重着，肌肤麻木；或女性白带过多。

（2）饮食调养：少食肥甘厚味，酒也不宜多

饮，切勿过饱，避免食积。以防生湿生痰。多吃些具有健脾利湿、化痰祛痰的食物，如白萝卜、荸荠、紫菜、海蜇、洋葱、枇杷、白果、大枣、扁豆、薏米、红小豆、蚕豆、包菜等。

八、气郁体质

（1）体质特点：形体消瘦或偏胖、面色苍暗或萎黄、平素性情急躁易怒、易于激动，或忧郁寡欢、胸闷不舒、食欲太息、舌淡红、苔白、脉弦。若病则胸胁胀痛或窜痛；或乳房、小腹胀痛，月经不调、痛经；或咽中梗阻，如有异物；或胃脘胀痛、泛吐酸水，呃逆嗳气；或腹痛肠鸣，大便泄利不爽；或气上冲逆，头痛眩晕。

（2）饮食调养：可少量饮酒，多食一些能行气的食物，如佛手、橙子、柑皮、荞麦、韭菜、茴

香、大蒜、刀豆、香椽等。

第四节 食物能量表

一、每日的健康能量标准

人体的能量消耗主要来源于维持人体所需的基础代谢、从事劳动所需的体力活动以及摄取食物时所需的食物特殊动力作用三方面总和，对于特定人群，还包括生长发育所需的能量。

（一）人体消耗能量的构成

1. 基础代谢

基础代谢是维持人体最基本生命活动所必需的能量消耗。一般是指成年人空腹12～14小时，睡醒后静卧，室温保持在26～30℃，无任何体力活动和思维活动、全身肌肉松弛、消化系统处于相对静止状态，也就是机体处于维持最基本生命活动状态所消耗的能量。

基础代谢受身体条件影响，一般来说，脂肪是不参与能量消耗的，所以相同体重的人，肌肉含量高者，基础代谢率比较高。年龄和性别对基础代谢率也有一定影响，一般来说儿童的基础代谢率高于成年人，成年人的基础代谢率高于老年人。男人的基础代谢率高于女人。基础代谢占每日能量消耗的50%～60%。

2. 体力活动

体力活动消耗的能量是人体消耗总能量的重要部分。主要取决于劳动强度和劳动时间，不同职业的人群，体力活动所消耗的能量差别较大。体力活动占每日能量消耗的15%～30%。

3. 食物特殊动力

人体在摄取食物过程中引起的能量消耗。主要包括摄取食物后的消化、吸收、代谢等所需要的能量。

（二）人体能量来源

人体能量主要有3种来源，分别是脂肪、蛋白质、碳水化合物。其中脂肪占能量的37%，蛋白质占能量的17%，碳水化合物占能量的17%。

由于每日人体所需的能量主要由基础代谢和体力活动构成，在计算人体每日所需的能量时，一般采取基础代谢乘以相应的活动系数，即每日所需能量=基础代谢×活动系数。活动系数见表4-1。

表4-1 活动系数表

活动类型	活动性质	活动系数
很少运动型	坐室内、很少运动或没有运动	1.2
轻度活动型	散步、逛街、郊外徒步，每周运动1~2次	1.375
中度运动型	持续运动，或上健身房，每周运动3~5次	1.55
重度运动型	工作量相当大，或热爱运动，每周运动6~7次	1.725
体力劳动型	每天重度运动或重劳力者	1.9

男性：基础代谢（千焦/天）=276+57.3×体重（千克）+21×身高（厘米）−28.5×年龄

女性：基础代谢（千焦/天）=274+40.2×体重（千克）+7.5×身高（厘米）−19.7×年龄

王先生，体重80千克，身高180厘米，今年24岁，他的每天基础代谢率（BMR）是：276+57.3×80+21×180−28.5×24=276+4584+3780−684=7956千焦（1900.7千卡）。王先生每周都会去健身房4次，所以活动系数选择1.55，则每日所需热量=7956（1900.7）×1.55=12331.8千焦（2946.1千卡）。

由计算公式我们知道，基础代谢率对减肥有非常大的影响，每天适量的运动有助于提高身体的基础代谢率，而节食会降低人的基础代谢率。每天消

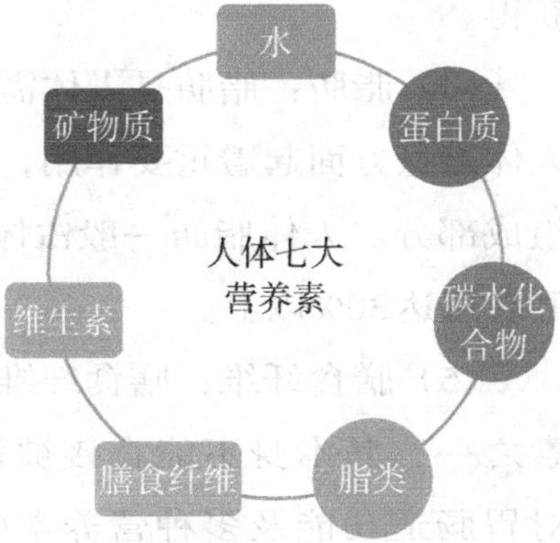

耗的热量＞摄入的热量，坚持一段时间就会起到减肥的作用。建议减肥瘦身者，每日减少摄入1046~4186千焦（250~1000千卡）的热量，但不要超过4186千焦（1000千卡），那样透支太多了会影响身体健康。

二、食物能量介绍

（1）热量：人体所需热量主要来自食物中的产能营养素，包括脂肪、蛋白质和碳水化合物。在能量的表示中有两种单位，一种是千焦，一种是千卡。换算公式为1千卡=4.19千焦。

（2）水分：水分是人体的必需物质，人体可以从食物中摄取水分来满足自己的生理需要。

（3）蛋白质：蛋白质是人体的主要构成物质，是生命存在的主要形式。蛋白质由22种氨基酸组成，其中8种是“必需氨基酸”缬氨酸、异亮氨酸、亮氨酸、苯丙氨酸、蛋氨酸、色氨酸、苏氨酸、赖氨酸，不能由人体自行合成，必须从饮食中获得。

（4）脂肪：脂肪是人体需要的重要营养素，在人体能量方面起着重要作用，也是人体细胞组织的组成部分。人体脂肪一般占体重的10%～20%，肥胖者可达30%以上。

（5）膳食纤维：膳食纤维是人体所必需的营养素之一，其本身不能直接被机体所吸收利用，但对胃肠道功能及多种营养素的吸收都有一定的影响。这些营养素包括常量营养素——蛋白质、脂类及碳水化合物和微量营养素——维生素、矿物质及微量元素。膳食纤维对于蛋白质代谢及氮平衡的影响不大，但可减少脂类和碳水化合物的吸收及利用。

（6）碳水化合物：碳水化合物也称糖类，是由碳、氢和氧3种元素组成的。人体最廉价的能量来源。一般分为单糖、多糖、寡糖，参与细胞的多种代谢活动。节约蛋白质，有利机体蛋白质的合成。食物纤维促进肠道蠕动。

（7）维生素A：防止夜盲症和视力减退，有助于对多种眼疾的治疗；抗呼吸系统感染作用，有助于免疫系统功能正常；生病时能早日康复，能保持组织或器官表层的健康；有助于祛除老年斑；促进发育，强壮骨骼，维护皮肤、头发、牙齿、牙床的健康。

（8）维生素B_1：维生素B_1又称硫胺素或抗神经炎素，是由嘧啶环和噻唑环结合而成的一种B族维生素。它是参与维持神经（包括视神经）细胞功能和代谢的重要维生素，如缺乏或不足可使眼睛出现病变。

（9）维生素B_2：维生素B_2是人体必需的一种营养物质，形成人体组织、器官表面必需的一种物质，在人体内无法存储，但人体每天又必需，所以必须从食物中补充。维生素B_2缺失会出现充血、胀痛、出血的现象。

（10）烟酸：烟酸是人体必需的13种维生素之一，是一种水溶性维生素，属于B族维生素。烟酸在人体内转化为烟酰胺，烟酰胺是辅酶Ⅰ和辅酶Ⅱ的组成部分，参与体内脂质代谢，组织呼吸的氧化过程和糖类无氧分解的过程。

（11）维生素E：维生素E是一种脂溶性维生素，是最主要的抗氧化剂之一，它能阻止不饱和脂肪酸、维生素、激素、颜料、酶等免受氧化破坏，不仅能减少细胞膜上脂质和脂蛋白的过氧化，保护细胞的正常功能，而且还能锁住水分。

（12）钠：钠是人体必需的矿物质营养素。体内的钠大多存在于血液及细胞外液，与人体的体液平衡及其他的生理功能都有很大的关联。

（13）钙：钙是人体内含量最多的矿物元素。构成骨骼、牙齿的主要成分，促进血液凝结，帮助体内某些酶的活化，维持正常的神经传导、心跳节律、肌肉收缩、毛细血管渗透压和体内酸碱平衡。

（14）铁：铁是人体必需的微量元素，是血红蛋白、肌红蛋白和某些酶的重要组成成分，帮助氧的运输。

（15）维生素C：维生素C是人类和其他高等灵长类动物及其他少数生物的必需营养素。激活羟化酶，促进组织中胶原的形成，参与体内氧化还原反应，并在体内起着抗氧化剂的作用，促进铁的吸收。

（16）胆固醇：胆固醇是人体正常新陈代谢过程中的产物和必需品，在营养学上每天吃少量胆固醇是无害的，但胆固醇摄入过多，来不及消化，就会堵塞血管，引起疾病。正常的新陈代谢可以把食物中的胆固醇消化掉，保持胆固醇的平衡。

三、典型食品食物热量表

典型食物热量及成分表见表4-2。

表4-2 食物热量与成分表（每100克食物）

序号	名称	热量（kcal）	水分（g）	蛋白质（g）	脂肪（g）	膳食纤维（g）	碳水化合物（g）	维生素A（μg）	维生素B_1（mg）	维生素B_2（mg）	烟酸（mg）	维生素E（mg）	钠（mg）	钙（mg）	铁（mg）	维生素C（mg）	胆固醇（mg）
1	稻米（粳，标三）	345	13.9	7.2	0.8	0.4	77.2	0	0.33	0.03	3.6	0.38	1.3	5	0.7	0	0
2	小麦粉（标准粉）	344	12.7	11.2	1.5	2.1	71.5	0	0.28	0.08	2.0	1.80	3.1	31	3.5	0	0
3	小米	358	11.6	9.0	3.1	1.6	73.5	17	0.33	0.10	1.5	3.63	4.3	41	5.1	0	0
4	黑米［稻米（紫）］	333	14.3	9.4	2.5	3.9	68.3	0	0.33	0.13	7.9	0.22	7.1	12	1.6	0	0
5	黄米	342	11.1	9.7	1.5	4.4	72.5	0	0.09	0.13	1.3	4.61	3.3	0	0	0	0
6	黄豆（大豆）	359	10.2	35.1	16.0	15.5	18.6	37	0.41	0.20	2.1	18.9	2.2	191	8.2	0	0
7	绿豆	316	12.3	21.6	0.8	6.4	55.6	22	0.25	0.11	2.0	10.9	3.0	81	6.5	0	0
8	黑豆（黑大豆）	381	9.9	36.1	15.9	10.2	23.3	5	0.20	0.33	2.0	17.4	3.0	224	7.0	0	0
9	小豆（红小豆）	309	12.6	20.2	0.6	7.7	55.7	13	0.16	0.11	2.0	14.4	2.2	74	7.4	0	0
10	荞麦	324	13.0	9.3	2.3	6.5	66.5	3	0.28	0.16	2.2	4.40	4.7	47	6.2	0	0
11	青稞	298	12.1	10.2	1.2	13.4	61.6	0	0.32	0.21	3.6	1.25	0	0		0	0
12	高粱米	351	10.3	10.4	3.1	4.3	70.4	0	0.29	0.10	1.6	1.88	6.3	22	6.3	0	0
13	薏米（薏苡仁米）	357	11.2	12.8	3.3	2.0	69.1	0	0.22	0.15	2.0	2.08	3.6	42	3.6	0	0
14	莜麦面	385	11.0	12.2	7.2	0.0	67.8	3	0.39	0.04	3.9	7.96	2.2	27	13.6	0	0
15	玉米面（黄）	340	12.1	8.1	3.3	5.6	69.6	7	0.26	0.09	2.3	3.80	2.3	22	3.2	0	0
16	玉米（鲜，包谷）	106	71.3	4.0	1.2	2.9	19.9	0	0.16	0.11	1.8	0.46	1.1	0	1.1	0	0
17	米粥（粳米）	46	88.6	1.1	0.3	0.1	9.8	0	0	0.03	0.2	0	2.8	7	0.1	0	0
18	小米粥	46	89.3	1.4	0.7	0.0	8.4	0	0.02	0.07	0.9	0.26	4.1	10	1.0	0	0
19	馒头（蒸，标粉）	233	40.5	7.8	1.0	1.5	48.3	0	0.05	0.07	0	0.86	165	18	1.9	0	0
20	花卷	217	45.7	6.4	1.0	0.0	45.6	0	0.02	0.02	1.1	0	95	19	0.4	0	0
21	煎饼	333	6.8	7.6	0.7	9.1	74.7	0	0.10	0.04	0.2	0	85.5	9	7.0	0	0

续表

序号	名称	热量（kcal）	水分（g）	蛋白质（g）	脂肪（g）	膳食纤维（g）	碳水化合物（g）	维生素A（μg）	维生素B_1（mg）	维生素B_2（mg）	烟酸（mg）	维生素E（mg）	钠（mg）	钙（mg）	铁（mg）	维生素C（mg）	胆固醇（mg）
22	挂面（标准粉）	344	12.4	10.1	0.7	1.6	74.4	0	0.19	0.04	2.5	1.11	15	14	3.5	0	0
23	方便面	472	3.6	9.5	21.1	0.7	60.9	0	0.12	0.06	0.9	2.28	1144	25	4.1	0	0
24	燕麦片	367	9.2	15.0	6.7	5.3	61.6	0	0.30	0.13	1.2	3.07	3.7	186	7.0	0	0
25	油条	386	21.8	6.9	17.6	0.9	50.1	0	0.01	0.07	0.7	3.19	585	6	1.0	0	0
26	菜籽油	899	0.1	0.0	99.9	0.0	0.0	0	0	0	0	60.9	7.0	9	3.7	0	0
27	豆油	899	0.1	0.0	99.9	0.0	0.0	0	0	0	0	93.1	4.9	13	2.0	0	0
28	花生油	899	0.1	0.0	99.9	0.0	0.0	0	0	0	0	42.1	3.5	12	2.9	0	0
29	葵花籽油	899	0.1	0.0	99.9	0.0	0.0	0	0	0	0	54.6	2.8	2	1.0	0	0
30	辣椒油	900	0.0	0.0	100	0.0	0.0	0	0	0	0	87.2	0	0		0	0
31	色拉油	898	0.2	0.0	99.8	0.0	0.0	0	0	0	0	24.0	5.1	18	1.7	0	0
32	玉米油	895	0.2	0.0	99.2	0.0	0.5	0	0	0	0	51.9	1.4	1	1.4	0	0
33	芝麻油（香油）	898	0.1	0.0	99.7	0.0	0.2	0	0	0	0	68.5	1.1	9	2.2	0	0
34	白砂糖	400	0.0	0.0	0.0	0.0	99.9	0	0	0	0	0	0.4	20	0.6	0	0
35	白糖（绵白糖）	396	0.9	0.1	0.0	0.0	98.9	0	0	0	0.2	0	2.0	6	0.2	0	0
36	冰糖	397	0.6	0.0	0.0	0.0	99.3	0	0	0.03	0	0	2.7	23	1.4	0	0
37	蜂蜜	321	22.0	0.4	1.9	0.0	75.6	0	0	0.05	0.1	0	0.3	4	1.0	3	0
38	红糖	389	1.9	0.7	0.0	0.0	96.6	0	0.01	0	0.	0	18.3	157	2.2	0	0
39	醋	31	90.6	2.1	0.3	0.0	4.9	0	0.03	0.05	1.4	0	262	17	6.0	0	0
40	豆瓣酱	178	46.6	13.6	6.8	1.5	15.6	0	0.11	0.46	2.4	0.57	6012	53	16.4	0	0
41	花生酱	594	0.5	6.9	53.0	3.0	22.3	0	0.01	0.15	2.0	2.09	2340	67	7.2	0	0
42	酱油	63	67.3	5.6	0.1	0.2	9.9	0	0.05	0.13	1.7	0	5757	66	8.6	0	0
43	韭菜花（腌）	15	79.0	1.3	0.3	1.0	1.8	28	0.04	0.06	0.7	0.25	5184	76	5.3	0	0
44	辣酱（豆瓣辣酱）	59	64.5	3.6	2.4	7.2	5.7	417	0.02	0.20	1.5	13.6	1268	207	5.3	0	0
45	甜面酱	136	53.9	5.5	0.6	1.4	27.1	5	0.03	0.14	2.0	2.16	2097	29	3.6	0	0
46	味精	268	0.2	40.1	0.2	0.0	26.5	0	0.08	0	0.3	0	21053	100	1.2	0	0

续表

序号	名称	热量（kcal）	水分（g）	蛋白质（g）	脂肪（g）	膳食纤维（g）	碳水化合物（g）	维生素A（μg）	维生素B_1（mg）	维生素B_2（mg）	烟酸（mg）	维生素E（mg）	钠（mg）	钙（mg）	铁（mg）	维生素C（mg）	胆固醇（mg）
47	盐	0	0.1	0.0	0.0	0.0	0.0	0	0	0	0	0	25127	22	1.0	0	0
48	芝麻酱	618	0.3	19.2	52.7	5.9	16.8	17	0.16	0.22	5.8	35.1	0	1170	9.8	0	0
49	豆腐	81	82.8	8.1	3.7	0.4	3.8	0	0.04	0.03	0.2	2.71	7.2	164	1.9	0	0
50	豆腐干	140	65.2	16.2	3.6	0.8	10.7	0	0.03	0.07	0.3	0	76.5	308	4.9	0	0
51	豆腐脑（老豆腐）	10	97.8	1.9	0.8	0.0	0.0	6	0.04	0.02	0.4	10.4	2.8	18	0.9	0	0
52	豆腐皮	409	16.5	44.6	17.4	0.2	18.6	0	0.31	0.11	1.5	20.6	9.4	116	30.8	0	0
53	豆浆	13	96.4	1.8	0.7	1.1	0.0	15	0.02	0.02	0.1	0.8	3.0	10	0.5	0	0
54	腐竹	459	7.9	44.6	21.7	1.0	21.3	0	0.13	0.07	0.8	27.8	26.5	77	16.5	0	0
55	黄豆芽	44	88.8	4.5	1.6	1.5	3.0	5	0.04	0.07	0.6	0.8	7.2	21	0.9	8	0
56	绿豆芽	18	94.6	2.1	0.1	0.8	2.1	3	0.05	0.06	0.5	0.19	4.4	9	0.6	6	0
57	毛豆（青豆）	123	69.6	13.1	5.0	4.0	6.5	22	0.15	0.07	1.4	2.44	3.9	135	3.5	27	0
58	四季豆（莱豆）	28	91.3	2.0	0.4	1.5	4.2	35	0.04	0.07	0.4	1.24	8.6	42	1.5	6	0
59	豌豆（鲜）	105	70.2	7.4	0.3	3.0	18.2	37	0.43	0.09	2.3	1.21	1.0	21	1.7	14	0
60	甘薯（红心）	99	73.4	1.1	0.2	1.6	23.1	125	0.04	0.04	0.6	0.28	28.5	23	0.5	26	0
61	甘薯（白心）	104	72.6	1.4	0.2	1.0	24.2	37	0.07	0.04	0.6	0.43	58.2	24	0.8	24	0
62	胡萝卜（红）	37	89.2	1.0	0.2	1.1	7.7	688	0.04	0.03	0.6	0.41	71.4	32	1.0	13	0
63	姜	41	87.0	1.3	0.6	2.7	7.6	28	0.02	0.03	0.8	0	14.9	27	1.4	4	0
64	洋姜（洋生姜，菊芋）	56	80.8	2.4	0.0	4.3	11.5	0	0.01	0.01	1.4	0	11.5	23	7.2	0	0
65	竹笋	19	92.8	2.6	0.2	1.8	1.8	0	0.08	0.08	0.6	0.05	0.4	9	0.5	5	0
66	白菜（大白菜）	21	93.6	1.7	0.2	0.6	3.1	42	0.06	0.07	0.8	0.92	89.3	69	0.5	47	0
67	菠菜（赤根菜）	24	91.2	2.6	0.3	1.7	2.8	487	0.04	0.11	0.6	1.74	85.2	66	2.9	32	0
68	蒜苗（蒜苔）	37	88.9	2.1	0.4	1.8	6.2	47	0.11	0.08	0.5	0.81	5.1	29	1.4	35	0
69	茼蒿（蓬蒿菜艾菜）	21	93.0	1.9	0.3	1.2	2.7	252	0.04	0.09	0.6	0.92	161	73	2.5	18	0
70	苋菜（青，绿苋菜）	25	90.2	2.8	0.3	2.2	2.8	352	0.03	0.12	0.8	0.36	32.4	187	5.4	47	0
71	香椿（香椿头）	47	85.2	1.7	0.4	1.8	9.1	117	0.07	0.12	0.9	0.99	4.60	96	3.9	40	0

续表

序号	名称	热量（kcal）	水分（g）	蛋白质（g）	脂肪（g）	膳食纤维（g）	碳水化合物（g）	维生素A（μg）	维生素B_1（mg）	维生素B_2（mg）	烟酸（mg）	维生素E（mg）	钠（mg）	钙（mg）	铁（mg）	维生素C（mg）	胆固醇（mg）
72	小白菜（青菜，白菜）	15	94.5	1.5	0.3	1.1	1.6	280	0.02	0.09	0.70	0.70	73.5	90	1.90	28	0
73	小葱	24	92.7	1.6	0.4	1.4	3.5	140	0.05	0.06	0.40	0.59	10.4	72	1.30	21	0
74	西蓝花（绿菜花）	33	90.3	4.1	0.6	1.6	2.7	1202	0.09	0.13	0.90	0.91	18.8	67	1.00	51	0
75	油菜	23	92.9	1.8	0.5	1.1	2.7	103	0.04	0.11	0.70	0.88	55.8	108	1.20	36	0
76	圆白菜（甘蓝）	22	93.2	1.5	0.2	1.0	3.6	12	0.03	0.03	0.40	0.50	27.2	49	0.60	40	0
77	冬瓜	11	96.6	0.4	0.2	0.7	1.9	13	0.01	0.01	0.30	0.08	1.80	19	0.20	18	0
78	冬菇（干）	212	13.4	17.8	1.3	32.3	32.3	5	0.17	1.40	24.4	3.47	20.4	55	10.5	5	0
79	金针菇（智力菇）	26	90.2	2.4	0.4	2.7	3.3	5	0.15	0.19	4.10	1.14	4.30	0	1.40	2	0
80	蘑菇（干）	252	13.7	21.0	4.6	21.0	31.7	273	0.10	1.10	30.7	6.18	23.3	127	0	5	0
81	木耳（黑木耳，云耳）	205	15.5	12.1	1.5	29.9	35.7	17	0.17	0.44	2.50	11.3	48.5	247	97.4	0	0
82	榛蘑（假蜜环菌）	157	51.1	9.5	3.7	10.4	21.5	7	0.01	0.69	7.50	3.34		11	25.1	0	0
83	紫菜	207	12.7	26.7	1.1	21.6	22.5	228	0.27	1.02	7.30	1.82	710	264	54.9	2	0
84	芭蕉（甘蕉）	109	68.9	1.2	0.1	3.1	25.8	0	0.02	0.02	0.60	0	1.30	6	0.30	0	0
85	菠萝（凤梨，地菠萝）	41	88.4	0.5	0.1	1.3	9.5	33	0.04	0.02	0.20	0	0.80	12	0.60	18	0
86	草莓	30	91.3	1.0	0.2	1.1	6.0	5	0.02	0.03	0.30	0.71	4.20	18	1.80	47	0
87	橙	47	87.4	0.8	0.2	0.6	10.5	27	0.05	0.04	0.30	0.56	1.20	20	0.40	33	0
88	柑	51	86.9	0.7	0.2	0.4	11.5	148	0.08	0.04	0.40	0.92	1.40	35	0.20	28	0
89	桂圆（鲜）	70	81.4	1.2	0.1	0.4	16.2	3	0.01	0.14	1.30	0	3.90	6	0.20	43	0
90	金橘（金枣）	55	84.7	1.0	0.2	1.4	12.3	62	0.04	0.03	0.30	1.58	3.00	56	1.00	35	0
91	橘（芦柑）	43	88.5	0.6	0.2	0.6	9.7	87	0.02	0.03	0.20	0	1.30	45	1.40	19	0
92	橘（小叶橘）	38	89.5	1.1	0.2	0.9	7.9	0	0.25	0.03	0.70	0.74	2.10	72	0.20	0	0
93	梨	32	90.0	0.4	0.1	2.0	7.3	0	0.01	0.04	0.10	0	3.90	11	0	1	0
94	荔枝（鲜）	70	81.9	0.9	0.2	0.5	16.1	2	0.10	0.04	1.10	0	1.70	2	0.40	41	0
95	杧果（抹猛果，望果）	32	90.6	0.6	0.2	1.3	7.0	1342	0.01	0.04	0.30	1.21	2.80	0	0.20	23	0
96	柠檬	35	91.0	1.1	1.2	1.3	4.9	0	0.05	0.02	0.60	1.14	1.10	101	0.80	22	0

续表

序号	名称	热量（kcal）	水分（g）	蛋白质（g）	脂肪（g）	膳食纤维（g）	碳水化合物（g）	维生素A（μg）	维生素B_1（mg）	维生素B_2（mg）	烟酸（mg）	维生素E（mg）	钠（mg）	钙（mg）	铁（mg）	维生素C（mg）	胆固醇（mg）
97	枇杷	39	89.3	0.8	0.2	0.8	8.5	117	0.01	0.03	0.30	0.24	4.00	17	1.10	8	0
98	苹果	52	85.9	0.2	0.2	1.2	12.3	3	0.06	0.02	0.20	2.12	1.60	4	0.60	4	0
99	葡萄	43	88.7	0.5	0.2	0.4	9.9	8	0.04	0.02	0.20	0.70	1.30	5	0.40	25	0
100	葡萄干	341	11.6	2.5	0.4	1.6	81.8	0	0.09	0	0	0	19.1	52	9.10	5	0
101	柿	71	80.6	0.4	0.1	1.4	17.1	20	0.02	0.02	0.30	1.12	0.80	9	0.20	30	0
102	石榴（红粉皮石榴）	64	78.7	1.3	0.1	4.9	14.5	0	0.05	0.03	0	3.72	0.80	16	0.20	13	0
103	桃	48	86.4	0.9	0.1	1.3	10.9	3	0.01	0.03	0.70	1.54	5.70	6	0.80	7	0
104	桃酱	273	31.2	0.4	0.2	0.5	67.5	0	0.01	0.01	0.50	0.43	14.2	5	1.30	3	0
105	香蕉	91	75.8	1.4	0.2	1.2	20.8	10	0.02	0.04	0.70	0.24	0.80	7	0.40	8	0
106	杏	36	89.4	0.9	0.1	1.3	7.8	75	0.02	0.03	0.60	0.95	2.30	14	0.60	4	0
107	杨梅（树梅，山杨梅）	28	92.0	0.8	0.2	1.0	5.7	7	0.01	0.05	0.30	0.81	0.70	14	1.00	9	0
108	椰子	231	51.8	4.0	12.1	4.7	26.6	0	0.01	0.01	0.50	0	55.6	2	1.80	6	0
109	樱桃	46	88.0	1.1	0.2	0.3	9.9	35	0.02	0.02	0.60	2.22	8.00	11	0.40	10	0
110	枣（鲜）	122	67.4	1.1	0.3	1.9	28.6	40	0.06	0.09	0.90	0.78	1.20	22	1.20	243	0
111	枣（干）	264	26.9	3.2	0.5	6.2	61.6	2	0.04	0.16	0.90	3.04	6.20	64	2.30	14	0
112	哈密瓜	34	91.0	0.5	0.1	0.2	7.7	153	0	0.01	0	0	26.7	4	0	12	0
113	猕猴桃	56	83.4	0.8	0.6	2.6	11.9	22	0.05	0.02	0.30	2.43	10	27	1.20	62	0
114	核桃（干，胡桃）	627	5.2	14.9	58.8	9.5	9.6	5	0.15	0.14	0.90	43.2	6.40	56	2.70	1	0
115	花生	298	48.3	12.1	25.4	7.7	5.2	2	0	0.04	14.1	2.93	3.70	8	3.40	14	0
116	花生（炒）	589	4.1	21.9	48.0	6.3	17.3	10	0.13	0.12	18.9	12.9	34.8	47	1.50	0	0
117	肠（儿童肠）	290	49.8	13.1	19.6	0.0	15.3	0	0.26	0.09	3.00	1.11	0	12	3.20	0	61
118	肠（风干肠）	283	55.8	12.4	23.3	0.0	5.9	0	0.12	0.09	12.6	0	618	18	3.50	0	47
119	叉烧肉	279	49.2	23.8	16.9	0.0	7.9	16	0.66	0.23	7.00	0.68	818	8	2.60	0	68
120	宫爆肉丁（罐头）	336	44.5	17.7	27.6	0.0	4.2	31	0.37	0.11	10.4	1.51	471	47	2.00	0	62
121	狗肉	116	76.0	16.8	4.6	0.0	1.8	157	0.34	0.20	3.50	1.40	47.4	52	2.90	0	62

续表

序号	名称	热量（kcal）	水分（g）	蛋白质（g）	脂肪（g）	膳食纤维（g）	碳水化合物（g）	维生素A（μg）	维生素B_1（mg）	维生素B_2（mg）	烟酸（mg）	维生素E（mg）	钠（mg）	钙（mg）	铁（mg）	维生素C（mg）	胆固醇（mg）
122	酱驴肉	246	50.7	31.4	11.9	0.0	3.2	11	0.05	0.22	4.40	1.25	869	20	4.00	0	116
123	酱牛肉	246	50.7	31.4	11.9	0.0	3.2	11	0.05	0.22	4.40	1.25	869	20	4.00	0	76
124	酱羊肉	272	45.7	25.4	13.7	0.0	11.8	0	0.07	0.06	8.30	1.28	937	43	4.10	0	92
125	马肉	122	74.1	20.1	4.6	0.0	0.1	28	0.06	0.25	2.20	1.42	115	5	5.10	0	84
126	牛肉（肥瘦）	190	68.1	18.1	13.4	0.0	0.0	9	0.03	0.11	7.40	0.22	57.4	8	3.20	0	84
127	牛肉（五花，肋条）	123	75.1	18.6	5.4	0.0	0.0	7	0.06	0.13	3.10	0.37	66.6	19	2.70	0	84
128	牛蹄筋（熟）	147	64.0	35.2	0.6	0.0	0.1	0	0	0	0	0	99.3	13	1.70	0	51
129	午餐肉	229	59.9	9.4	15.9	0.0	12.0	0	0.24	0.05	11.1	0	981	57	0	0	56
130	羊肉（肥，瘦）	198	66.9	19.0	14.1	0.0	0.0	22	0.05	0.14	4.50	0.26	80.6	6	2.30	0	92
131	羊肉（瘦）	118	74.2	20.5	3.9	0.0	0.2	11	0.15	0.16	5.20	0.31	69.4	9	3.90	0	60
132	猪肉（肥）	816	8.8	2.4	90.4	0.0	0.0	29	0.08	0.05	0.90	0.24	19.5	3	1.00	0	109
133	猪肉（肥，瘦）	395	46.8	13.2	37.0	0.0	2.4	0	0.22	0.16	3.50	0.49	59.4	6	1.60	0	80
134	鹌鹑	110	75.1	20.2	3.1	0.0	0.2	40	0.04	0.32	6.30	0.44	48.	48	2.30	0	157
135	扒鸡	215	56.5	29.6	11.0	0.0	0.0	32	0.02	0.17	9.20	0	1000	31	2.90	0	211
136	鹅	245	62.9	17.9	19.9	0.0	0.0	42	0.07	0.23	4.90	0.22	58.8	4	3.80	0	74
137	鸽	201	66.6	16.5	14.2	0.0	1.7	53	0.06	0.20	6.90	0.99	63.6	30	3.80	0	99
138	鸡	167	69.0	19.3	9.4	0.0	1.3	48	0.05	0.09	5.60	0.67	63.3	9	1.40	0	106
139	酱鸭	266	53.6	18.9	18.4	0.0	6.3	11	0.06	0.22	3.70	0	981	14	4.10	0	107
140	烤鸡	240	59.0	22.4	16.7	0.0	0.1	37	0.05	0.19	3.50	0.22	472	25	1.70	0	99
141	烧鹅	289	52.8	19.7	21.5	0.0	4.2	9	0.09	0.11	3.60	0.07	240	91	3.80	0	116
142	鸭	240	63.9	15.5	19.7	0.0	0.2	52	0.08	0.22	4.20	0.27	69	6	2.20	0	94
143	鸭（北京填鸭）	424	45.0	9.3	41.3	0.0	3.9	30	0	0	4.20	0.53	45.5	15	1.60	0	96
144	炸鸡（肯德基）	279	49.4	20.3	17.3	0.0	10.5	23	0.03	0.17	16.7	6.44	755	109	2.20	0	198
145	黄油	892	0.5	1.4	98.8	0.0	0.0	0	0	0.02	0	0	40.3	35	0.80	0	296
146	奶酪（干酪）	328	43.5	25.7	23.5	0.0	3.5	152	0.06	0.91	0.60	0.60	584	799	2.40	0	11

续表

序号	名称	热量（kcal）	水分（g）	蛋白质（g）	脂肪（g）	膳食纤维（g）	碳水化合物（g）	维生素A（μg）	维生素B_1（mg）	维生素B_2（mg）	烟酸（mg）	维生素E（mg）	钠（mg）	钙（mg）	铁（mg）	维生素C（mg）	胆固醇（mg）
147	奶片	472	3.7	13.3	20.2	0.0	59.3	75	0.05	0.20	1.60	0.05	179	269	1.60	0	65
148	牛乳	54	89.8	3.0	3.2	0.0	3.4	24	0.03	0.14	0.10	0.21	37.2	104	0.30	0	15
149	酸奶	72	84.7	2.5	2.7	0.0	9.3	26	0.03	0.15	0.20	0.12	39.8	118	0.40	0	15
150	鹌鹑蛋	160	73.0	12.8	11.1	0.0	2.1	337	0.11	0.49	0.10	3.08	106	47	3.20	0	515
151	鹅蛋	196	69.3	11.1	15.6	0.0	2.8	192	0.08	0.30	0.40	4.50	90.6	34	4.10	0	704
152	鸡蛋（白皮）	138	75.8	12.7	9.0	0.0	1.5	310	0.09	0.31	0.20	1.23	94.7	48	2.00	0	585
153	鸡蛋（红皮）	156	73.8	12.8	11.1	0.0	1.3	194	0.13	0.32	0.20	2.29	125	44	2.30	0	585
154	鸭蛋	180	70.3	12.6	13.0	0.0	3.1	261	0.17	0.35	0.20	4.98	106	62	2.90	0	565
155	干贝	264	27.4	55.6	2.4	0.0	5.1	11	0	0.21	2.50	1.53	306	77	5.60	0	348
156	海蛎肉	66	85.6	8.4	2.3	0.0	2.9	0	0.03	0.07	1.70	7.66	194	167	5.40	0	0
157	海参	262	18.9	50.2	4.8	0.0	4.5	39	0.04	0.13	1.30	0	4967	0	9.00	0	62
158	蛤蜊	31	91.0	5.8	0.4	0.0	1.1	19	0.01	0.10	0.50	0.86	317	138	2.90	0	156
159	河蚌	36	89.8	6.8	0.6	0.0	0.8	202	0.01	0.13	1.00	1.36	28.7	306	3.10	0	57
160	螺（田螺）	60	82.0	11.0	0.2	0.0	3.6	0	0.02	0.19	2.20	0.75	26.0	0	19.7	0	154
161	墨鱼	82	79.2	15.2	0.9	0.0	3.4	0	0.02	0.04	1.80	1.49	165	15	1.00	0	226
162	牡蛎	73	82.0	5.3	2.1	0.0	8.2	27	0.01	0.13	1.40	0.81	462	131	7.10	0	100
163	生蚝	57	87.1	10.9	1.5	0.0	0.0	0	0.04	0.13	1.50	0.13	270	35	5.50	0	94
164	鲜贝	77	80.3	15.7	0.5	0.0	2.5	0	0	0.21	2.50	1.46	120	28	0.70	0	116
165	鱿鱼（干）	313	21.8	60.0	4.6	0.0	7.8	0	0.02	0.13	4.90	9.72	965	87	4.10	0	871
166	对虾	93	76.5	18.6	0.8	0.0	2.8	15	0.01	0.07	1.70	0.62	165	62	1.50	0	193
167	海虾	79	79.3	16.8	0.6	0.0	1.5	0	0.01	0.05	1.90	2.79	302	146	3.00	0	117
168	蛋糕	347	18.6	8.6	5.1	0.4	66.7	86	0.09	0.09	0.80	2.80	67.8	39	2.50	0	0
169	豆腐脑（带卤）	47	88.1	2.6	1.8	0.2	5.2	0	0.01	0.01	0.40	0.87	235	301	1.70	0	0
170	绿豆糕	349	11.5	12.8	1.0	1.2	72.2	47	0.23	0.02	6.10	3.68	11.6	24	7.30	0	0
171	面包	312	27.4	8.3	5.1	0.5	58.1	0	0.03	0.06	1.70	1.66	230	49	2.00	0	0

续表

序号	名称	热量（kcal）	水分（g）	蛋白质（g）	脂肪（g）	膳食纤维（g）	碳水化合物（g）	维生素A（μg）	维生素B_1（mg）	维生素B_2（mg）	烟酸（mg）	维生素E（mg）	钠（mg）	钙（mg）	铁（mg）	维生素C（mg）	胆固醇（mg）
172	烧饼	326	27.3	11.5	9.9	2.5	47.6	0	0.03	0.01	0	5.19	84.1	40	6.90	0	0
173	烧麦	238	51.0	9.2	11.0	2.3	25.6	0	0.07	0.07	14.6	0.68	0	10	2.10	0	0
174	桃酥	481	5.4	7.1	21.8	1.1	64.0	0	0.02	0.05	2.30	14.1	7.73	34	48.0	0	0
175	油茶	94	76.3	2.4	0.9	0.9	19.1	0	0.01	0.06	0.40	0.06	19.6	22	1.10	0	0
176	冰棍	47	88.3	0.8	0.2	0.0	10.5	0	0.01	0.01	0.20	0.11	20.4	31	0.90	0	45
177	冰淇淋	126	74.4	2.4	5.3	0.0	17.3	48	0.01	0.03	0.20	0.24	54.2	126	0.50	0	51
178	芹菜（叶）	31	89.4	2.6	0.6	2.2	3.7	488	0.08	0.15	0.90	2.50	83.0	40	0.60	22	0
179	青椒（灯笼椒）	22	93.0	1.0	0.2	1.4	4.0	57	0.03	0.03	0.90	0.59	3.30	14	0.80	72	0
180	番茄（西红柿，番柿）	19	94.4	0.9	0.2	0.5	3.5	92	0.03	0.03	0.60	0.57	5.00	10	0.40	19	0
181	茄子	21	93.4	1.1	0.2	1.3	3.6	8	0.02	0.04	0.60	1.13	5.40	24	0.50	5	0
182	秋葵（黄秋葵）	37	86.2	2.0	0.1	3.9	7.1	52	0.05	0.09	1.00	1.03	3.90	45	0.10	4	0
183	甜椒（脱水）	307	10.5	7.6	0.4	8.3	68.3	2818	0.23	0.18	4.00	6.05	126	130	7.40	846	0
184	山核桃（熟，小核桃）	596	2.2	7.9	50.8	7.8	26.8	0	0.02	0.09	1.00	14.0	430	133	5.40	0	0
185	松子（炒）	619	3.6	14.1	58.5	12.4	9.0	5	0	0.11	3.80	25.2	3.0	161	5.20	0	0
186	西瓜子（炒）	573	4.3	32.7	44.8	4.5	9.7	0	0.04	0.08	3.40	1.23	187	28	8.20	0	0
187	杏仁	514	5.6	24.7	44.8	19.2	2.9	0	0.08	1.25	0	18.5	7.10	71	1.30	26	0
188	榛子（炒）	594	2.3	30.5	50.3	8.2	4.9	12	0.21	0.22	9.80	25.2	153	815	5.10	0	0
189	鸭蛋（咸）	190	61.3	12.7	12.7	0.0	6.3	134	0.16	0.33	0.10	6.25	2706	118	3.60	0	647
190	八爪鱼（八角鱼）	135	65.4	18.9	0.4	0.0	14.0	0	0.04	0.06	5.40	1.34	65.4	21	0.60	0	0
191	草鱼（白鲩，草包鱼）	112	77.3	16.6	5.2	0.0	0.0	11	0.04	0.11	2.80	2.03	46.0	38	0.80	0	86
192	鲳鱼（平鱼）	142	72.8	18.5	7.8	0.0	0.0	24	0.04	0.07	2.10	1.26	62.5	46	1.10	0	77
193	带鱼（白带鱼，刀鱼）	127	73.3	17.7	4.9	0.0	3.1	29	0.02	0.06	2.80	0.82	150	28	1.20	0	76
194	大麻哈鱼（大马哈鱼）	143	74.1	17.2	8.6	0.0	0.0	45	0.07	0.18	4.40	0.78		13	0.30	0	101
195	黄鳝（鳝鱼）	89	78.0	18.0	1.4	0.0	1.2	50	0.06	0.98	3.70	1.34	70.2	42	2.50	0	126
196	泥鳅	96	76.6	17.9	2.0	0.0	1.7	14	0.10	0.33	6.20	0.79	74.8	299	2.90	0	136

续表

序号	名称	热量（kcal）	水分（g）	蛋白质（g）	脂肪（g）	膳食纤维（g）	碳水化合物（g）	维生素A（μg）	维生素B_1（mg）	维生素B_2（mg）	烟酸（mg）	维生素E（mg）	钠（mg）	钙（mg）	铁（mg）	维生素C（mg）	胆固醇（mg）
197	小黄鱼（小黄花鱼）	99	77.9	17.9	3.0	0.0	0.1	0	0.04	0.04	2.30	1.19	103	78	0.90	0	74
198	银鱼（面条鱼）	119	76.2	17.2	5.6	0.0	0.0	0	0.03	0.05	0.20	1.86	8.60	46	0.90	0	361
199	河虾	84	78.1	16.4	2.4	0.0	0.0	48	0.04	0.03	0	5.33	138	325	4.00	0	240
200	基围虾	101	75.2	18.2	1.4	0.0	3.9	0	0.02	0.07	2.90	1.69	172	83	2.00	0	181

注：1千卡=4.19千焦

（郭德超）

第五章

常见食品的选购及保存

第一节 预包装食品的选购常识

一、标签与营养标签

1. 学会看食品标签，吃得更放心安全

对于大多数消费者而言，在选购食品时，常常会以口味、价格等因素来衡量和挑选食品，但如果你想了解食品原料的真相，挑选安全健康的食品，就应该学会看食品标签，并养成看食品标签的习惯。那么，怎么看懂食品标签，看食品标签应该看哪些项目？下面介绍选购食品时看食品标签应留意的几个要点：

（1）看食品名称

国家标准规定食品标签上必须有食品名称，食品名称又必须表明食品的真实属性，以免企业“忽悠人”。有些食品看着挺像，可食品名称稍有不同，遇见这样的食品我们先搞清楚它们的区别，再进行选购。常见的例子为调制乳与乳饮料，超市总是将各种品牌的含乳制品放在一起，有的品种在包装上写着“调味牛奶”，有的写着“乳饮料”，感觉上相差不多，但实际二者相差甚远，“乳饮料”实际属于饮料的一种，并不属于乳制品，而“调味牛奶”则与牛奶的营养价值比较接近，“调味牛奶”的蛋白质含量比“乳饮料”要高。

（2）看配料表

食品的营养品质，本质上取决于它的原料及其比例。要吃得安全，就要吃得明白。看配料表的目的是了解“这个东西到底是用什么做的”，无论它的广告说得多么天花乱坠，一看配料表，往往就会原形毕露。要是在配料表中看到了不熟悉的名称，应弄清它的详情再买。每个人对各种营养素的需求不同，对甲好的食物，乙吃多了可能会生病，糊里糊涂地吃，容易吃进对自己身体有害的东西。国家标准要求，所有预包装的食品都要在包装上清楚地标出自己的配料成分，要是您发现有食品没有标示配料表，这样的食品就不要买了。看配料表有三大要点：一是看配料的排序，按标准要求，各种配料应按照添加量由多到少依次排列，这样我们就可以了解某种食品的主要成分是什么；二是看是否有你不想要的原料，可重点看配料表中是否有氢化植物油等一些不健康的原料或有可能产生过敏或不良反应的配料，如某人对鸡蛋过敏，那么选购食品时一定要仔细查看，配料表中有鸡蛋成分的绝不能购买；三是看其中的食品添加剂，现在消费者们几乎是谈食品添加剂色变，其实食品添加剂并不可怕，只是有些不法商贩把不是添加在食品里的添加剂添加到食品里了，人们都让食品添加剂背了黑锅，当然食品添加剂超量食用的话，也会给人体带来危害，所以选择相似的食品时，还是配料中食品添加剂越少越好，天然原料越多越好。

（3）看生产日期、保质期和贮存条件

生产日期就是食品的生日，保质期则是食品在一定条件下保证出厂时具备的应有品质的期限，过期后品质将有所下降；保存期或最后食用期限则表示，过了这个日期便不能保障食品食用的安全性。在保质期之内，应当尽量选择距离生产日期最近的产品。食品的包装上会标明贮存条件，我们应该注意查看，比如，有的产品规定要在常温下保存，有的产品则需要冷藏储存，还有的产品常温下可以保存一个月，但一开封就必须马上吃完，买食品的时候一定要看清楚，不按贮存条件存放食品，保质期可能会大大缩短。

（4）看认证标志

现在很多食品的包装上有各种质量认证标志，比如有机食品标志、绿色食品标志、无公害食品标志、原产地认证标志等，通常有认证标志的食品质量更有保证，但也不能盲目地迷信这些认证标志。因为有认证标志的食品也可能出现质量问题。另外，认证标志也有真有假，有的食品明明没有经过认证，却也将认证标志印在了包装上。所以，看到认证标志，要留个心眼，可以到相关的网站上按照标志的号码或企业名称查询一下。

2. 学会看食品营养标签，吃得更营养健康

根据国家标准要求，预包装食品应当在营养标签上标示“4+1”的含量值及其占营养素参考值的百分比，“4+1”中的“4”是指四种核心营养素，包括蛋白质、脂肪、碳水化合物和钠，“1”是指能量。这些营养指标十分重要，摄入缺乏不利健康，摄入过量会导致肥胖和慢性病，特殊人群选购食品时看清楚营养标签尤为重要。营养标签应该怎么看呢？如以下表中的蛋白质为例，19%表示你吃了

100克这种食品，满足全天蛋白质推荐摄入量的19%，另外81%需要从其他食品中获取；以脂肪为例，52%表示你吃了100克这种食品，已经满足全天脂肪推荐摄入量的52%，这种食品的脂肪含量很高。

营养成分表

项目	每100g	NRV%
能量（kJ）	2076	25%
蛋白质（g）	11.1	19%
脂肪（g）	32.2	52%
碳水化合物（g）	43.1	14%
钠（mg）	3	0%

我们选购食品时为什么要看营养标签呢？因为食品营养标签中标注的营养信息能够帮助我们了解食品的营养成分，我们在购买食品时可以更有针对性地选择合适的食品。比如想要控制体重的人，可以对比每100克不同食品中脂肪、能量的含量，哪个低就买哪个；对孩子、老人和孕产妇来说，蛋白质含量越高越好；肾病、高血压和高血脂患者，则要尽量选择低钠的食品；糖尿病人要选低糖或无糖食品。需要注意的是，食品的营养成分表有的以“份”为单位，有些则以“100克或100毫升”为单位，购买的时候要看清楚。

二、如何区分特殊膳食食品和保健食品

如今市面上销售的特殊膳食食品和保健食品琳琅满目，很多消费者仍然搞不清楚特殊膳食食品和保健食品的区别在哪里。

特殊膳食用食品需具备两个条件：第一，某一种或某一类食品最适宜特定（特殊）人群食用，如婴儿、幼儿、糖尿病患者、严重缺乏某些营养素的人等。这类人群由于生理原因，需要的膳食结构与一般人群的膳食结构有明显区别；第二，为这类人群制作的食品与可类比的普通食品的营养成分有显著不同，有些营养素含量很低或很高。如无母乳喂养的婴儿需要的婴儿配方乳粉，其营养成分和含量与成年人食用的乳粉有显著不同。两个条件同时具备，才能称为特殊膳食用食品。

保健食品是指声称具有特定保健功能或者以补充维生素、矿物质为目的的食品，即适宜于特定人群食用，具有调节机体功能，不以治疗疾病为目的，并且对人体不产生任何急性、亚急性或者慢性危害的食品。购买保健食品时应认准保健食品的批准文号及保健食品的标志，我国保健食品专用标志为天蓝色图案，呈帽形，业界俗称“蓝帽子”，下有保健食品字样。获得保健品批文的保健食品，获

得批文以后可以在产品外包装上印刷保健品批文标志的蓝帽标签，标于包装正面左上方。

第二节　大米的选购与保存

一、营养价值

大米，是由稻子的籽实加工出来的，是中国人最重要的主食之一，尤其是东北大米，更是受到国人的喜爱。无论是在家里吃还是外出就餐，米饭都是必不可少的。因为人们把大米作为平常的主食，食用量大，营养功效是作为补充营养素的基础食物。大米中的蛋白质主要是米精蛋白，氨基酸的组成比较完全，人体容易消化吸收，但氨基酸含量较少。相对来讲糙米中的矿物质、膳食纤维、B族维生素（特别是维生素B_1）含量都较精米高很多。

二、选购常识

看标签：购买大米时应注意查看包装上标注的内容。如包装上是否标注产品名称、净含量、生产企业与经销企业的名称和地址、生产日期、保质期、质量等级、产品标准号、特殊标注内容等。

看新陈：大米陈化现象较重时，色泽变暗，黏性降低，失去了大米原有的香味。

看硬度：硬度是由大米中蛋白质含量多少决定的，大米的硬度越高，说明蛋白质含量越高，其透明度也会越好。一般情况下，新米比陈米硬，水分低的米比水分高的米硬，晚米比早米硬。

看腹白：大米腹部常有一个不透明的白斑，白斑在大米粒中心部分被称为“心白”，在外腹被称为“外白”。大米腹白部分蛋白质含量较低，淀粉含量较高。一般含水分过高、收后未经后熟和不够成熟的稻谷，腹白较大。

看爆腰：爆腰是由于大米在干燥过程中发生急热现象后，米粒内外失去平衡造成的。爆腰米食用时外烂里生，营养价值降低。所以，选米时要仔细观察米粒表面，如果米粒上出现一条或更多条横裂纹，就说明是爆腰米。

看黄粒：米粒变黄是由于大米中某些营养成分

在一定的条件下发生了化学反应，或者是大米粒中微生物繁殖引起的，这样的黄粒米影响香味和口味。

三、保存常识

注意防潮，不宜混存。因为大米吸湿性较强，所以应注意防潮，不宜混存。例如，大米不宜靠墙着地，通常要放在垫板上，防止受潮；大米不宜与鱼、肉、蔬菜等水分高的食品同时储存，否则大米吸水，容易霉变或生虫。

注意隔热，远离热源。在高温环境下，大米容易发热霉变，因此应注意隔热，远离热源。例如，大米不宜存放在厨房内，因厨房温度高、湿度大，对大米质量影响很大；大米不宜放在炉灶旁，因离热源太近，大米会发热从而引起质量变化。

注意阴干，切忌曝晒。如果大米受潮，应放在阴凉通风处摊开晾干吹透，切忌曝晒。因为曝晒会使水分迅速散失，一些颗粒会碎掉，导致食用品质大打折扣，若再放回潮湿环境更容易受潮、霉变、生虫。

四、实用小贴士

1. 减少淘米次数，大米中含有丰富的维生素、矿物质以及大量的酶类。在烹调以前，要先淘洗，但淘米过程中会使米中的水溶性维生素和B族维生素以及矿物质、蛋白质等营养素大量流失。在淘米的过程中，大米搓洗次数越多，浸泡时间越长，淘米水温越高，各种营养损失也越多。所以，应尽量减少淘米的次数，不要用流水冲洗或开水烫洗，更不要用力搓洗。

2. 在米袋里混合放入几头干大蒜（大蒜食品），或取花椒或茴香，包成若干纱布包，放入米袋然后密封，可以防止大米生虫。

3. 海带具有很强的吸湿、杀菌、杀虫作用。每100千克大米放入1千克干海带，一周之后，就能吸收大米中的30%的水分，杀灭大米中的粉螨、蛾虫等害虫，霉菌数量也大大减少。

4. 不能长期食用精米，而对糙米不闻不问。因为精米在加工时会损失大量营养，长期食用会导致营养缺乏。所以应粗细结合，才能营养均衡。

第三节　食用油的选购与保存

一、营养价值

市面上食用油的种类很多，我们挑选四种较为

常见的食用油介绍其营养价值。大豆油：营养均衡，经济实惠。大豆油是世界上产量最多的油脂。大豆油的脂肪酸构成较好，它含有丰富的亚油酸，具有显著地降低血清胆固醇含量、预防心血管疾病的功效。大豆中还含有大量的维生素E、维生素D以及丰富的卵磷脂，对人体健康非常有益。花生油：含丰富的油酸、卵磷脂和维生素A、维生素D、维生素E、维生素K及生物活性很强的天然多酚类物质，可降低血小板凝聚，降低总胆固醇和坏胆固醇水平，预防动脉硬化及心脑血管疾病。玉米油：是从玉米胚中提取的一种高品质的食用植物油，人体吸收率可达97%以上；含有丰富的天然抗氧化剂维生素E，还能帮助降低人体内胆固醇的含量，增强人体肌肉和心脏、血管系统的机能，提高机体的抵抗能力。葵花籽油：葵花籽油中含丰富的必需脂肪酸和不饱和脂肪酸，由于含有丰富的亚油酸，有帮助人体调节新陈代谢、保护血压稳定及显著降低胆固醇、防止血管硬化和预防冠心病的作用。同时它还含有丰富的活性维生素E，可以活化毛细血管，促进血液循环。

二、选购常识

（1）看色泽：品质好的豆油为深黄色，一般的为淡黄色，菜籽油为黄中带点绿或金黄色；花生油为淡黄色或浅橙色，棉籽油为淡黄色。如果生产过程中加入色素或杂质，颜色和透明度就会改变。

（2）闻气味：用手指沾一点油，抹在手掌心，搓后闻其气味，品质好的油，应视品种的不同具有各自的油味，不应有其他的异味。如果有一股轻微的腥臭味儿，可能是品质较次的油，正常的食用油只会散发出淡淡的香味。如果有臭味，就更可能是“地沟油”了。

（3）透明度：在日光下和灯光下观察，优质的食用油应透明而不浑浊，光亮度越高越好。

（4）尝滋味：用筷子沾上一点油放入嘴里，不应有苦涩焦臭、酸败的异味。如果口感偏酸或者有异味，就很可能是变质或劣质食用油。

（5）看沉淀：无论哪种食用油，优质的均不应出现沉淀和悬浮物，其黏度较小。如果油中出现浓稠的沉淀物或有其他杂质，均属质次或变质食油。

（6）看有无分层现象：优质的食用油不存在分层现象，若有分层则可能是掺假的混杂油。

三、保存常识

食用油有“四怕”：一怕直射光，二怕空气，三怕高温，四怕进水。因此，保存食用油要避光、密封、低温、防水。每次用好后要将盖子旋紧，减少与空气接触时间。最简单的方法是按油瓶的大小，用厚纸板（不透光）做一个油瓶罩，往上面一扣，就解决了避光的问题。尽量买小包装的油品，缩短存放时间，吃油是越新鲜越好，存放的时间越长氧化酸败的危险就越大。家中人口多的可以买5升装的，一般三口之家买2.5升或更小的比较合适。用完了再买，不要怕麻烦。另外，过期的油千万不要再食用了，抗氧化剂消耗殆尽，氧自由基的反应就会以惊人的速度进行。可能我们在打开瓶盖后，尚未嗅到酸败的哈喇味，但里面充斥的氧自由基是嗅不出来的。

四、实用小贴士

（1）要经常调换食用油品种，没有一种油是十全十美的，应根据自身的健康状况、烹调习惯、经济条件等，有目的地选择调换品种，达到油品消费多样化，不同的食用油肯定有它的优点，花生油、玉米油、大豆油、菜籽油、橄榄油、茶油等经常换着吃，可以取长补短。

（2）炒菜时油温不宜过高，食用油烧到冒烟时，温度一般已达到200℃以上，不仅油中所含的脂溶性维生素破坏殆尽，且人体必需的各种脂肪酸也遭到大量氧化，从而大大降低了油脂的营养价值。建议先把锅烧热，这时就可以炒菜了，不用等到油冒烟。

第四节　肉类食品的选购与保存

一、营养价值

人们日常生活中较常食用的肉类有畜禽肉及畜禽内脏，如猪肉、牛肉、鸡肉、猪肝、鸡肝等。肉类的主要营养特点就是蛋白质含量高而且质量好。肉类食品中蛋白质的含量为10%～20%，仅低于大豆、黑豆。肉类蛋白质的营养特点

是完全蛋白质含量极高，其化学组成与人体蛋白质很接近，所以它的吸收率极高，可达80%以上。另外肉类和内脏当中的血红素铁的吸收利用率较高，对补充铁最为有益。一般来说，肉类的颜色越红，其中所含血红素铁就越多。相比之下，植物性食品中的铁吸收率普遍较低，而乳制品中含铁就更少了。肉类食品还能供给人体丰富的无机盐和维生素，是高营养的美味食品。

肉类是适宜大多数人群适量食用的，牛肉、羊肉等属于热性食物，体质虚寒的人，可以适当多吃一点。但脂肪含量较高的肉类，如猪五花肉、猪蹄等，肠胃消化功能较弱不可食之过多，患有高血压病、肝胆疾病、动脉硬化的患者应少食或者不食。

二、选购常识

1. 生鲜肉类

（1）鸡肉：购买生鸡肉时要注意鸡肉的外观、色泽、质感。新鲜、卫生的鸡肉块大小相差不多，白里透红，表面有光泽，手感光滑。如果鸡肉注过水，肉质会显得特别有弹性，皮上有红色针点，周围呈乌黑色，用手指在鸡的皮层下一掐，会明显感到打滑。正常鸡表面摸起来很平滑，而注过水的鸡用手摸会感觉表面高低不平，好像长有肿块。

（2）猪肉：首先看猪肉皮上是否有圆形“检验合格”的印章，然后从外观看肥肉层（脂肪）颜色洁白，肉身有光泽，皮色微红均匀，外表微干或微湿润，无任何液体流出，肉质有弹性，用手指按压皮肉产生的凹陷能立刻恢复，无不良气味。病死猪的肌肉无弹性，切面暗紫有汁液，猪肉有血腥味、尿腥味、腐败味等不良气味。

（3）羊肉：一般无添加的羊肉色呈鲜红色，有问题的肉质呈深红色或暗黄色。好的羊肉肉壁厚度一般为4～5厘米，有添加剂的肉壁一般只有2厘米左右。正常羊肉有一股很浓的羊膻味，有添加剂羊肉的羊膻味很淡而且带有清臭。

（4）牛肉：新鲜牛肉肌肉呈均匀的红色，具有光泽，脂肪洁白色或呈乳黄色。不新鲜的牛肉肌肉色泽暗红，无光泽，脂肪颜色发暗。新鲜牛肉有牛肉特有的正常气味，不新鲜的牛肉有氨味或酸味等腐臭味。新鲜牛肉表面微干或有风干膜，触摸时不粘手。不新鲜的牛肉表面极度干燥或发黏，新切面也粘手。新鲜牛肉指压后的凹陷能立即恢复。不新鲜的牛肉指压后的凹陷恢复较慢或不能恢复，留有明显的痕迹。

2. 熟肉制品类

选购熟肉制品时，主要还是靠感官鉴别优劣。

好的酱卤肉类制品，外观为完好的自然块，洁净、新鲜润泽，呈现肉制品应具有的自然色泽。例如酱牛肉应为酱黄色；叉烧肉表面为红色，内切面为肉粉色，并具有产品应有的肉香味，无异味；肠类制品外观应完好无缺，不破损，洁净无污垢，肠体丰满、干爽、有弹性，组织致密，具备该产品应有的香味，无异味。从色泽上看，经过熏制的肉制品一般为棕黄色，并带有烟熏香味。红肠为红曲红色，小泥肠为乳白色或米黄色。对于包装的熟肉制品，要看其外包装是否完好、无破损。如果是真空包装的，要看其真空度是否完好，胀袋的产品不可以食用。对于以尼龙或PVDC为肠衣的肉灌制品，例如市场上销售的西式火腿、肠类产品，在选购时，除看标签上的成分和日期外，如发现胀气，或是肠衣与肠体分离的，也属于变质，不要选购。

三、保存常识

1. 生鲜肉类

（1）鲜肉：一次吃不完的大块肉应切成小块，用两层塑胶袋或铝箔纸按照每次食用量包好，放入冰箱冷冻库，每次食用时解冻一包，可保存半年。若买的是肉馅、肉片、肉块，则只能保持1～3个月。

（2）冷藏肉：一般保鲜膜包装的冷藏肉，保存在-2～5℃只能延缓部分细菌生长、繁殖，保存期限2～3天，一次不要买太多。

（3）冷冻肉：冷藏肉与冷冻肉应分开处理。买回的冷冻肉应立即放入冰箱冷冻库。如果解冻后用不完再放回冷冻库，易造成污染，肉汁流失，保存期也会随之缩短。

2.熟肉制品类

香肠、肉干等熟肉制品，买回家后应立即放入冰箱冷藏，吃的时候再开封。一次吃不完，应用塑料袋密封好，放回冰箱冷藏，以免肉质腐坏。一般肉类罐头未开启前，可室温下存放，但开罐后剩余部分应倒于碗内，上覆保鲜膜放在冰箱内冷藏保存。肉松或肉脯类的罐头，打开后的保存时间约为10天，打开后的吃剩部分，仍应盖紧，以免潮湿发霉。

四、实用小贴士

（1）牛肉不易熟烂，烹饪时放入少量橘皮、山楂或少量茶叶使其易煮熟烂。清炖牛肉较其他烹饪方法更能保存其营养成分。

（2）羊肉的膻味比较大，炖煮时加入一些萝卜、绿豆或少量山楂，炒制时加入葱、姜、孜然等调料可以减轻膻味。气候燥热的夏秋季节不宜吃羊肉。

（3）肝脏作为解毒器官是体内最大的毒物中转站，所以买回新鲜的肝脏不要急于烹调，应该把肝放在自来水龙头下冲洗5～10分钟，然后在水中浸泡30分钟，烹调时间不易过短，至少应该急火炒5分钟以上，肝完全变成灰褐色食用为宜。

（4）食用猪肉后不宜大量饮茶，因为茶叶中的鞣酸会与蛋白质合成具有收敛性的鞣酸蛋白质，减慢肠道蠕动，不但容易引起便秘，还增加了有毒物质和致癌物质的吸收，对健康不利。

（5）要解冻冷冻室中保存的肉，最好提前一天把肉从冷冻室中取出，放在冰箱的冷藏室。这样解冻有很多优势：第一，从安全性来讲，它规避了解冻时食物表面微生物大量滋生的问题；第二，这种解冻方式有助保留食物中的营养成分；第三，从口味上来讲，冷藏室解冻能很好地保留食物中的鲜味物质；第四，冷藏室解冻后的蛋白质在低温下也能保持柔嫩的状态，不会出现肉吃起来发干发硬的问题。

第五节　鲜蛋的选购与保存

一、营养价值

鲜蛋主要指人们生活中经常食用的各种禽蛋，最常见的是鸡蛋、鸭蛋、鹅蛋、鹌鹑蛋等，它们的营养成分和结构都大致相同，含有人体所需的蛋白质、脂肪、矿物质、维生素等，是人们日常生活中具有很高营养价值的副食品。鲜蛋由蛋壳、蛋黄、蛋白和蛋系带等部分所组成，分别具有以下营养价值：

蛋壳：蛋壳含有丰富的碳酸钙，非常容易消化吸收，是补充钙质的最佳来源。在正常情况下，每天取约2克的蛋壳研成粉状食用，可预防因钙质不足、骨量减少而导致的腰酸背痛、容易骨折或罹患骨质疏松症。

蛋黄：蛋黄含有丰富的蛋白质、脂肪、钙、卵磷脂、铁质、维生素A、维生素D、维生素E、维生素K和所有的B族维生素等营养成分。其中卵磷脂被肠胃吸收之后，可促进血管中胆固醇的排除，有预防心血管疾病的功用。且卵磷脂经消化吸收之后，可生成胆碱，这种物质与脑部的神经传达作用有关，可促进学习、记忆的能力，达到预防老人痴呆的功效。胆碱还可预防肝脏积存过量脂肪，避免形成脂肪肝及改善肝脏机能。而蛋黄所含的铁质，利用率最高，是最补血的天然食品。蛋黄中含有的维生素B_6、维生素B_{12}和叶酸，三者合理的配合还能降低出生畸形。

蛋白：蛋白中含有一种叫白蛋白的蛋白，具有清除活性氧的作用，可增强人体免疫力，达到防癌的功效。且蛋白中的卵白蛋白，经消化酵素分解之后，可以产生一种溶解酶，可活化巨噬细胞，抵抗外来病菌的入侵，提高身体的免疫力。

蛋系带：蛋黄左右有两条白色的索状物，就是蛋系带，它是蛋白的一部分，也是优质蛋白质的来源。它还含有一种燕窝中也有的成分，叫涎酸，具有抗氧化作用，可与侵入人体的病毒结合，进而消灭病毒，防止感染的产生，并且有预防癌变的作用。

虽然说鲜蛋有很高的营养价值，但是这并不就意味着吃蛋越多越好。鲜蛋是高蛋白食物，食用过量可导致代谢产物增多，增加肾脏的负担。鲜蛋中含有较高的胆固醇，有冠心病、高血压、高血脂、高胆固醇等疾病的人，不宜多吃蛋。另外，蛋在生产、运送及储存的过程中，如果没有确实做好卫生品管的工作，可能提供沙门菌、肠炎弧菌、金黄色葡萄球菌及其他细菌滋生、繁殖的好机会，吃了这种被细菌感染的蛋，会使身体出现上吐下泻、腹痛、发烧等现象。

二、选购常识

观察法。鲜蛋外壳光洁，颜色鲜明，壳上有霜状粉末，若发暗无光泽，或用手掂掂，感觉轻飘的，是陈蛋。

晃听法。把鲜蛋放在耳边摇动，鲜蛋着实，空头蛋有空洞声，贴皮蛋、臭蛋有敲瓦片的声音。

光照法。将一只手握成筒形，对着鲜蛋的一端，向着灯光或太阳光照视，蛋内蛋黄呈鲜黄色，无任何斑点，且蛋黄也不移动，这是鲜蛋。坏蛋颜色发暗，不透明；孵化过的鲜蛋则有血丝或血环；臭蛋发暗或有污斑。

鼻嗅法。鲜蛋有一种鸡腥味，无异味。有霉气味的是霉蛋或者坏蛋。有汽油、农药等味的是污染蛋。

浮力法。将鲜蛋放入冷水中，下沉的是鲜蛋，上浮的是坏蛋。

三、保存常识

买回来的鲜蛋不管再怎么脏，也不可以用水洗，水洗会去掉蛋壳表面的保护膜，导致细菌等直接进入鲜蛋内部。如果家里的鲜蛋已经被水洗过了，应该立即吃掉以免变质。绝大多数家庭都是把鲜蛋放进冰箱的，冰箱可以起到保鲜的作用。放蛋温度以4～10℃为宜，可以存放1～2个月。注意放进冰箱的鲜蛋最好放进隔室，以免鲜蛋表面的细菌破坏其他食物。如果家里没有冰箱，又希望鲜蛋可以保存很久，那么可以在盐水里保存鲜蛋。因为加了盐的水里是没有细菌的，这样盐水就可以有效隔开细菌和鲜蛋，从而延长鲜蛋的保鲜期。同理，直接把鲜蛋埋进盐堆里，也是可以的。人们在市场上买蛋时会发现鲜蛋都是立起来存放的，这种做法是正确的，因为鲜蛋是会呼吸的，站起来的鲜蛋可以帮助呼吸。我们在保存鲜蛋时要让鲜蛋的小头朝下，因为鲜蛋的小头处有呼吸的气孔，如果朝上站立，呼吸能力变差，鲜蛋容易变质。同时，在保存鲜蛋时要避免把鲜蛋和有着强烈刺激的食物摆放到一起，那么鲜蛋吃起来也会有异味。

四、实用小贴士

（1）鲜蛋中含有丰富的蛋白质，但不宜与豆浆同食。因为豆浆中含有胰蛋白酶抑制物，它能抑制人体蛋白酶的活性，影响蛋白质在人体内的消化和吸收，降低人体对蛋白质的吸收率。

（2）炒鲜蛋放味精破坏鲜味，鲜蛋中含有氯化钠和大量的谷氨酸，这两种成分加热后会生成谷氨酸钠，有纯正的鲜味。味精的主要成分也是谷氨酸钠，炒鲜蛋时假如放进味精，会影响鲜蛋本身合成谷氨酸钠，不但破坏了鲜蛋的鲜味，对菜肴也起不到增加鲜味的作用。

（3）咸鸭蛋不宜多吃和常吃。因为鸭蛋变成咸鸭蛋后，蛋白质含量明显减少，胆固醇含量也会相对增高。此外，咸鸭蛋是腌制品，因此含有的亚硝酸盐等有害物质较多，长期大量吃，会引发癌症等细胞突变。

（4）皮蛋能泻热去大肠火，补益祛病，醒酒，止眩晕，适量进食皮蛋是有好处的。但皮蛋含有一定量的铅，如果经常食用会引起铅中毒。同时，皮蛋中含有很多碱性物质，食用后会很快中和胃酸，从而降低胃液对胃的屏障保护作用，影响人体对食物的消化吸收。因此在食用时加点醋，可以中和皮蛋中的碱性物质，减少对肠胃的损害。另外，皮蛋与甲鱼、李子、红糖是相克食物，不可同食。

第六节　水果的选购与保存

一、营养价值

水果是人们日常生活中不可缺少的食品，像苹果、香蕉、橘子、葡萄、石榴、榴梿等，人们在品尝水果肉汁甜美的时候也能从中摄取丰富的维生素、膳食纤维、碳水化合物、无机盐、果胶等。为了身体健康，每天最好能吃200克以上的水果。几种常见的水果中，苹果能降低胆固醇、抗癌、减肥；香蕉能抗忧郁、镇定、安眠；葡萄能抗氧化，延缓衰老；西瓜能清热、解暑、利尿；杏能止咳、润肠、通便；桃子能补血、益气等。

常吃水果对人体的好处不言而喻，但水果吃多了也有坏处。比

如：苹果含有大量的糖类和钾盐，摄入过多不利于心、肾保健；香蕉性寒，含钠盐多，患有慢性肾炎、高血压、水肿症者慎吃；荔枝连续大量地食用，会使人脸色苍白，产生头晕、心慌、冒冷汗、打呵欠、乏力等症状；柿子含有大量的单宁、柿胶粉，单宁收敛力强，故便秘患者不宜多吃，另外柿子也不能和螃蟹一起吃，易生柿石。

二、选购常识

（1）闻香气：成熟的水果会散发出特有的香气。可用鼻子闻水果的底部，若香气愈浓表示水果愈甜。如香瓜、菠萝等。

（2）试重量：同种水果分别置于两手掌上比较重量；或手掌轻拍听声音，较重或声音清脆者通常水分较多。如苹果、香瓜等。

（3）摸软硬：半成熟果实硬而脆，之后会变软。木瓜、香蕉要在肉质变软时食用，但像苹果等则适合在半成熟时食用。

（4）辨果色：未成熟水果大多含较多叶绿素而偏绿色，随成熟过程会逐渐分解，转为橙色的类胡萝卜素。如香蕉、橘子等；或是红、紫色的花青素。如苹果、葡萄等，这类水果的颜色愈深表示甜度愈高。

识纹理：水果要选择纹理清晰的，水果通常在蒂的部位越凹，就表示越甜。

三、保存常识

水果的种类繁多，属性也各不相同，若日常保存的方法不当，不是变成“哑巴”果，青涩难入口，便是一下子全烂掉，让人心疼不已。水果的日常保存可分为以下四类：

第一类：不要放入冰箱，否则会冻伤。如：香蕉、杨桃、枇杷等。

第二类：可以放入冰箱，但一定要先催热，如榴梿、杧果、释迦、百香果、柿子、木瓜等。要想催熟的话可以放在室温处1~2天，或者可以和香蕉、苹果、木瓜等含乙烯的水果放在一起，可快速催熟。

第三类：必须放入冰箱，才能久存。如：桃、桑葚、李子、荔枝、龙眼、樱桃、番石榴、葡萄、梨、山竹、火龙果、甜瓜等。

第四类：常温保存或冰箱冷藏均可。如：柠檬、凤梨、柳橙、青枣、苹果、西瓜、橘子、椰子、葡萄柚、甘蔗等。

因为水果含水分较高，并含有水溶性营养物质和酶类，所以在整个贮藏期间仍进行着很强的呼吸活动，放入冰箱的水果可以放到塑料袋内，可以使水果处于休眠状态，延长贮存期。另外，水果用水洗过比较容易坏，因此买回来不要一次全洗，吃多少洗多少。

四、实用小贴士

（1）饭后一小时吃水果为宜。饭后马上吃水果，消化慢的淀粉、蛋白质和脂肪会影响消化快的水果，有可能导致胃肠胀气等症状，尤其是肠胃不太好的人，建议饭后1小时再吃水果。

（2）吸收水果的营养和时间无关。人们常听说过一句话“水果上午金，下午银，晚上是废铁”，其实人对水果消化吸收的能力主要与消化液的分泌状况和胃肠蠕动能力有关，和时间没有直接联系。不管是早上，还是晚上，只要你的肠胃功能正常，对水果的吸收其实没有区别。

（3）“水果之王”有哪些。有些水果因为含有的营养非常丰富，被封为“水果之王”。通常来说，猕猴桃被称为“中华水果之王”，其含多种维生素，尤其是维生素C，每百克鲜果含量达100～400毫克，为柑橘的5～10倍，为梨和苹果的20～28倍；蓝莓被称为“美国水果之王”，具有抗癌、延缓神经衰老、预防心血管疾病等功效；榴梿被称为“世界水果之王”，榴梿果肉中含淀粉11%，糖分13%，蛋白质3%，还有多种维生素等，营养相当丰富。

（4）水果的治病功效。水果有很多神奇的功效，甚至能帮助人们治病。比如：过度用脑的时候可以吃香蕉，有脚气的时候可以吃柳橙，用眼过度的时候可以吃番木瓜，牙龈出血吃猕猴桃，长期吸烟可以吃葡萄来帮助肺部细胞排毒。

第七节　蔬菜的选购与保存

一、营养价值

人们在日常饮食中少不了蔬菜，而且蔬菜充当着非常重要的角色，蔬菜中水分含量高，多数高达90%以上，且热量低，一般在0.021千焦/100克，主要为人体提供维生素、矿物质、膳食纤维和植物化学物质，是减肥人士的不错之选。科学家通过对多种蔬菜营养成

分的分析，发现蔬菜的营养价值与蔬菜的颜色密切相关。颜色深的营养价值高，颜色浅的营养价值低，其排列顺序是绿色的蔬菜—黄色、红色蔬菜—无色蔬菜。绿色蔬菜被营养学家列为甲类蔬菜，主要有菠菜、油菜、卷心菜、香菜、小白菜、空心菜、雪里蕻等。

人们日常常吃的蔬菜主要有叶菜类、根茎类、瓜类及茄果类等。叶菜类是无机盐和维生素的重要来源。在这类蔬菜中尤以绿色叶菜为蔬菜类食物的代表，如油菜、小白菜、雪里蕻、荠菜、韭菜等含有较多的胡萝卜素、维生素C，并含有一定量的维生素B_2；根茎类食物是介于粮食与蔬菜之间的食物，如马铃薯、甜薯、芋头等，含淀粉较多，可供给较多的热量，其蛋白质、无机盐和维生素的含量则相对较低，但带有红黄颜色的胡萝卜、红薯等是胡萝卜素的良好来源；瓜类及茄果类蔬菜的营养价值比较低，大部分是夏秋季节上市的，在绿叶菜较少的季节，是提供无机盐与维生素的来源。

二、选购常识

看颜色：不买颜色异常的蔬菜，新鲜蔬菜不是颜色越鲜艳越浓越好，如购买樱桃萝卜时要检查萝卜是否掉色；发现干豆角的颜色比其他的鲜艳时要慎选。

看形状：不买形状异常的蔬菜，不新鲜的蔬菜有萎蔫、干枯、损伤、扭曲病变等异常形态；有的蔬菜由于使用了激素物质，会长成畸形。

闻气味：不买异常气味的蔬菜。不法商贩为了使有些蔬菜更好看，用化学药剂进行浸泡，如硫黄等，这些物质有异味，而且不容易被冲洗掉。

三、保存常识

大多数人一次购买很多的蔬菜，找不到地方放就一股脑都塞到冰箱里是不正确的做法。并非所有蔬菜都能耐寒，一部分蔬菜如果长期在冰箱中保存，很容易因为低温出现损伤，尤其是夏季成熟的蔬菜，更容易受到低温的影响。茄子长时间放在冰箱中可能变黑，西红柿在冰箱里放久了以后也会从香脆可口变得柔软松弛，土豆也是同样的道理。根据蔬菜的属性选择保存的方式对保持蔬菜的新鲜口感与营养都很有帮助。不耐寒的蔬菜最好在常温下保存，而耐寒的蔬菜则可以选择放到冰箱中保存。

将蔬菜放到冰箱中保存，也有几点需要注意才能真正做到活用冰箱，让蔬菜保持新鲜。首先，注意保持蔬菜的水分。冰箱是一个比我们想象中要更干燥的环境，蔬菜直接放入冰箱后水分将会大量流失，失去新鲜度。因此，在将蔬菜，尤其是叶菜放入冰箱时，要注意保持蔬菜的水分。具体来说，应当将蔬菜放入塑料包装袋中，再放入冰箱中。在超市购买的蔬菜通常有一端开口，应当使用另外的袋子将开口包住后再放入冰箱，以防叶菜的水分流失；其次，注意冰箱温度的设置。保存蔬菜时，冰箱的温度并不是越低就越好，调整好冰箱的温度非常重要。一般情况下，冰箱的蔬菜保存温度以5～7℃为好。同时，不用将蔬菜放到特别角落的地方，最好在一开冰箱就能看到的地方，以保证及时在蔬菜还新鲜的时候吃掉，避免久置蔬菜；最后，蔬菜的摆放姿势也很有讲究。大多数人在保存蔬菜的时候都是直接往冰箱中一扔了事，但其实保存时保持其在田中的姿势，流失的营养会更少，比如，叶菜可以通过竖着摆放的方式来保存。

四、实用小贴士

（1）胡萝卜与白萝卜不宜同吃，因为白萝卜富含维生素C，能抑制黑色素合成，防止脂肪沉积。但胡萝卜中含有作用力极强的维生素C解酵素，烹制时会使其他蔬菜中的维生素C丧失殆尽。胡萝卜与白萝卜同吃，营养价值将大打折扣。

（2）菠菜中的草酸会影响人体对矿物质的吸

收，故烹调菠菜时，应先用开水漂烫，以去除草酸。

(3) 鲜黄花菜不宜食用。鲜黄花菜中含有一种无毒的秋水仙碱，被人体肠道吸收后，会转变为有毒的二氧秋水仙碱，可使人发生恶心、呕吐、腹痛等，重者便血、尿血。干黄花菜是由鲜黄花菜经蒸晒干燥制成，其内含有的秋水仙碱已被破坏，故可放心食用。鲜黄花菜食后中毒，可用绿豆、甘草煮水解其毒。

(4) 生菜只要放一段时间就会逐渐变软并变色，可将菜心摘除，然后将湿润的纸巾塞入菜心处让生菜吸收水分，等到纸巾较干时将其取出，再将生菜放入保鲜袋中冷藏。

(5) 冬季购买的韭菜、蒜黄等青菜，如果一时吃不完，可用新鲜的大白菜叶子包好，放在阴凉的地方，可保鲜数天。

第八节　调味品的选购与保存

一、营养价值

人们需要通过进食来维持生命，想要吃得有滋有味有营养，最大程度上享受吃的快乐，调味品在其中发挥了巨大的作用。调味品能够赋予食物特殊的风味，主要起到促进人们的食欲，帮助身体消化吸收的作用，有一些调味品本身也具有一定的营养保健作用。常用的调味品有食盐、酱油、醋、味精、酱等

食盐：主要成分是氯化钠，粗盐中除氯化钠外，还有少量的钾、镁、钡、钙、碘等，海盐含碘较多，精盐则是比较纯的氯化钠。食盐是咸味的载体，具有咸味调剂、突出鲜味、解腻、杀菌、防腐等作用。食盐食用过多可引起高血压，但过少也可引起体内电解质紊乱，特别是体力劳动者出汗过多，若不及时补充盐分，会使人疲乏无力，甚至虚脱休克。

酱油：其鲜甜味来源于其中含有的氨基酸，其中包含了人体必需的八种氨基酸，具有较好的营养。但是，应该注意酱油中同时含有较多的钠盐，摄入过多则容易导致高血压。

醋：作为调味品，可以分解食物的腥味，使其

更加鲜美可口，并能促进胃酸分泌，增进食欲，还有一定的杀菌作用，用于烹调排骨、小鱼，可使骨酥肉烂，有助于骨中的钙、磷溶解，增加其吸收利用。但不宜过量，否则可能会伤胃、损齿。

味精：有效成分是谷氨酸钠，谷氨酸钠本身是一种营养性氨基酸，对大脑代谢有帮助，但是味精中同时含有较高的钠，如果加热时间太长、温度过高，容易使味精变质，因此对高血压患者应减少进食。

酱：以大豆或麦面、米等经发酵，加盐、水制成的糊状物，具有独特的色、香、味。

二、选购常识

1. 食盐

看色泽。优质食盐应为白色，呈透明或半透明状；劣质食盐的色泽灰暗或呈黄褐色（硫酸钙或杂质过多）。

看结晶。纯净的食盐结晶很整齐，坚硬光滑，干燥、水分少，不易返卤吸潮；含杂质多的盐，结晶不规则，易返卤吸潮。

尝咸味。纯净的食盐应有正常的咸味，而含钙、镁等水溶性杂质过大时，盐的咸味会稍带苦、涩味，含沙等杂质时会有牙碜的感觉。

2. 酱油

先看标签。从酱油的原料表中可以看出其原料是大豆还是脱脂大豆，是小麦还是麸皮。看清标签上标注的是酿造还是配制酱油。酿造酱油通过看其氨基酸态氮的含量可区别其等级，含量越高，品质越好。

看清用途。酱油上应标注供佐餐用或供烹调用，两者的卫生指标是不同的，所含菌落指数也不同。供佐餐用的可直接入口，卫生指标较好，如果是供烹调用的则千万别用于拌凉菜。

闻香气。传统工艺生产的酱油有一种独有的酯香气，香气丰富醇正。如果闻到的味道呈酸臭味、煳味、异味都是不正常的。

看颜色。颜色比较淡，呈红褐色，为生抽是烹调用的。颜色很深，呈棕褐色有光泽的是老抽。老抽中添加了焦糖色，所以颜色较深，这类酱油是给食品着色用的，比如红烧食品。

3. 食醋

看颜色。食醋有红、白两种，优质红醋要求为琥珀色或红棕色。优质白醋应无色透明。

闻香味。优质醋具有酸味芳香，没有其他气味。

尝味道。优质醋酸度虽高但无刺激感、酸味柔和、稍有甜味、不涩、无其他异味。

4. 味精

味精的掺假可从外观上进行初步判断，因味精有固定的结晶形态，掺入粉末或其他形态的盐类即可看出；对于白色粉末状的味精可取等量味精和食盐用等量等温热水同时溶解来判断，二者完全溶解速度不同，味精要快些，而淀粉遇热水会发生糊化现象，从中可判断出加入大量食盐或淀粉的掺假品。真味精手感柔软，无粒状物触感；假味精摸上去粗糙，有明显的颗粒感。真味精有强烈的鲜味，如果咸味大于鲜味，表明掺入食盐；如有苦味，表明掺入氯化镁、硫酸镁；如有甜味，表明掺入白砂糖；难以溶化又有冷滑黏糊之感，表明掺入了木薯粉或石膏粉。

5. 酱

优质色泽优质酱类呈红褐色、棕红色或黄色，油润发亮，鲜艳而有光泽。劣质酱类则色泽灰暗，无光泽。体态在光线明亮处观察，优质酱类黏稠适度，不干，无霉花、杂质。劣质酱类则过干或过稀，往往有霉花、杂质等。气味取少量样品直接嗅其气味，或稍加热后再嗅闻。优质酱类具有酱香和酯香，无异味。劣质酱类则香气不浓，甚至有酸败味或霉味。优质酱类滋味鲜美，入口酥软，咸淡适口，有豆酱或面酱独特的风味。劣质酱类则有苦味、涩味、焦煳味和酸味。

三、保存常识

1. 食盐

食盐易溶于水，具有很强的吸湿性，长时间暴露在空气中，食盐极易结晶。而且我们食用的多为加碘食盐，碘也极易挥发，失去应有的功效。因此，不要敞口存放食盐，应该将食盐放在密封、干燥的容器中。

2. 酱油

酱油易霉变即长白膜，这是产膜性酵母菌污染了酱油后引起酱油发霉的现象，所以在夏日一定要注意密闭低温保存。另外盛放酱油的瓶子，切勿混入生水。在放酱油的容器内，放入少许香油，使其表面覆盖一层薄薄的油膜；或瓶内放一段葱白，或几个蒜瓣，或加一点烧酒，都可以防霉。

3. 食醋

食醋保存不当也会发霉变质。要防止食醋变质可以在装食醋的瓶中加入几滴白酒和少量食盐。也可在盛醋的瓶中加入少许香油，使表面覆盖一层薄薄的油膜，防止醋发霉变质。在醋瓶中放一段葱白、几个蒜瓣，亦可起到防霉的作用。此外，食醋不宜用铜器盛放，因为铜会与醋酸等发生化学反应，产生醋酸铜等物质，食之于健康不利。

4. 味精

味精吸潮性很强，所以最佳的方式就是将其存放于密封、干燥的容器中，而且，每次使用后，都要旋紧盖子，以免受潮。

5. 酱

酱类室温下虽然能够临时存放，但是却会缓慢地发生脂肪氧化和风味变化的问题。如果的确在两个星期内都吃不完，还是放在冰箱里比较放心。

四、实用小贴士

（1）不宜在酸性食物中添加味精，如糖醋鱼、糖醋里脊等，因为味精呈碱性，在酸性食物中添加会引起化学反应，使菜肴走味。在含有碱性的原料中也不宜使用味精，味精遇碱会化合成谷氨酸二钠，会产生氨水臭味，使鲜味降低，甚至失去其鲜味。

（2）酱类食用后易产酸，胃酸过多的胃病患者要慎食。服用治疗血管疾病、胃肠道疾病的药物时，应禁止食用酱油烹制的菜肴，以免引起恶心、呕吐等副作用。

（3）有时不慎将醋放多了，可以在菜肴中加入适量小苏打。原因是食醋中的乙醇与小苏打的碱性溶液中和后，可使多余的酸味除掉。

（4）烹制蔬菜瓜果时加点醋，能保持维生素C不受破坏，软化蔬菜中的纤维素，还可使蔬菜脆嫩爽口，保持原来脆绿的特征。

（5）味精在120℃的高温下会变成焦谷氨酸钠，不仅会失去鲜味和营养，还有毒性，因此炸制食品，急火快炒时，不宜使用，投入味精的适宜温度为70～80℃，此时鲜味最浓。

第九节　牛奶的选购与保存

一、营养价值

牛奶是古老的天然饮料，被誉为“白色血液”，其对人体的营养价值十分重要。牛奶被人们称作完全营养食物，所含营养价值几乎能全部被消化吸收。牛奶中水分含量87.5%，脂肪含量3.5%～4.2%，

蛋白质含量2.8%～3.4%，乳糖含量4.6%～4.8%，无机盐含量0.7%左右，且含有成人体所需的20种氨基酸。牛奶中胆固醇含量较低，其中的碳水化合物几乎都是乳糖，有助于婴儿智力发育。并且，牛奶含有较丰富的矿物质，主要包括钙、磷、钾、钠、铁等。由于牛奶中的钙远比其他各类食物的钙容易被人体吸收，因此常喝牛奶可以预防佝偻病。牛奶中富含维生素A，可以防止皮肤干燥及暗沉，使皮肤白皙，有光泽。牛奶中钙与磷比例合适，是促进儿童、青少年骨骼、牙齿发育的理想营养食品。

二、选购常识

购买液体乳时鉴别液体乳是否变质的方法主要有三种：一是感官鉴别，新鲜乳（消毒乳）呈乳白色或稍带微黄色，有新鲜牛乳固有的香味，无异味，呈均匀的流体，无沉淀，无凝结，无杂质，无异物，无黏稠现象。二是将乳滴入清水中，若化不开，则为新鲜牛乳；若化开，就不是新鲜牛乳。若是瓶装牛乳，只要在牛乳上部观察到稀薄现象或瓶底有沉淀的，则都不是新鲜乳。三是煮沸实验法：取约10毫升乳样于试管中（或透明玻璃杯中），置沸水中5分钟，观察如有凝结或絮状物产生，则表示牛乳不新鲜或已变质。

购买发酵乳时则要观察发酵乳表面凝块，合格的发酵乳凝块均匀、细腻、无气泡，表面可有少量的乳清析出，呈乳白色或淡黄色，气味清香并且具有弹性。变质的发酵乳，有的不凝块，呈流质状态；有的酸味过浓或有酒精发酵味；有的冒气泡，有一股霉味，有的颜色变深黄或发绿。

三、保存常识

不冷冻：牛奶的保存过程中，有些家庭是靠冷冻来保存牛奶，这种做法是错误的，因为冷冻会破坏牛奶中的营养，所以微冷是保存牛奶的最好方法。

不高温：牛奶最怕高温，在高温环境下，牛奶最容易变质。所以保存牛奶要放入冰箱，避免高温保存。

避光照：牛奶不宜放在黑暗的地方去保存，也不宜用强光去照射牛奶，这样会破坏牛奶里的维生素。

四、实用小贴士

（1）忌文火煮牛奶，用文火煮牛奶，会使牛奶中的维生素受到空气中氧气的破坏，而旺火煮牛奶则很容易溢出来，因此当牛奶的体积膨胀时应即刻离开火源，然后再放回火上烧开，如此反复三四次，这样不仅能保持牛奶中的营养成分，而且能杀灭牛奶中的病原微生物。

（2）牛奶和巧克力不宜同吃，有人以为，既然牛奶属高蛋白食品，巧克力又是能源食品，二者同时吃一定大有益处。事实并非如此。液体的牛奶加上巧克力会使牛奶中的钙与巧克力中的草酸产生化学反应，生成草酸钙。于是，本来具有营养价值的钙，变成了对人体有害的物质，从而导致缺钙、腹泻、少年儿童发育推迟、毛发干枯、易骨折以及增加尿路结石的发病率等。

（3）袋装牛奶不宜长时间浸泡在热水中加热，这样会破坏牛奶中的营养成分；而且在高温下，塑料袋中的一些化学成分易分解产生对人体有害的物质。

（4）炸鱼前先把鱼浸入牛奶片刻，既能除腥，又能增强鲜味；在做冻过的鱼时，汤中加些牛奶，会使鱼的味道更鲜。

（5）不要空腹喝牛奶，喝牛奶时应吃些面包、糕点等，以延长牛奶在消化道中的停留时间，使其得到充分消化吸收。

第十节　桶装水的选购与保存

一、营养价值

水是体液的主要组成部分，是构成细胞、组织液、血浆等的重要物质。水作为体内一切化学反应的媒介，是各种营养素和物质运输的平台。水是维持我们生命的原动力，是一切生命过程得以正常运行的生理要素，一切生物化学过程必须在水中进行。因为营养物质和异化作用的产物主要以水溶状态输送。同时水中含有钠、钙、镁、钾等无机盐类，是大多数动植物不可缺少的物质来源，而且水的摄入与排泄还有助于调节体温。合理的饮水，可以有效地治疗皮肤的各种炎症，增强表皮细胞的增殖能力，防止皮肤黑色素沉积，促进新陈代谢，使皮肤富有弹性，光洁亮丽。目前，订购桶装水成为大多数家庭饮水的方式。

二、选购常识

（1）订购桶装水时，要挑选证照齐全、卫生条件良好的销售点，如果长期或大量购买某品牌的水，应向厂家了解核实该经销点是否为厂家的授权经销点。

（2）注意桶装水的质量。要购买食品卫生许可证和检验合格证齐全的桶装水。此外，还可以从感官上加以区别，优质纯净水水体洁净，无色透明，无悬浮物和沉淀物，不黏稠，无异味。

（3）消费者应仔细辨认桶装水的封口。劣质水封口的热缩膜一般较薄，没有光泽感，褶皱不平，较为松弛，而真水则相反；真水桶盖有一圈弧线的压痕撕口，很容易被沿线撕开，而假水桶盖颜色发暗，很难撕开或根本撕不开。

（4）注意观察桶的状况。发暗、发黑、发紫的可能是“黑心桶”，颜色过蓝也有问题。食品级PC材料应该是透明无色的，但市场上的水桶大多呈蓝色，这个给人清凉之感的颜色来源于PVC材质。水桶颜色过深，可能添加废料，会掩盖水质缺陷，透明或淡蓝色的桶比较安全。有的桶装水标签信息不齐全，桶身发暗甚至发黑，

建议不要购买，说明生产桶的材料不符合相关标准或使用周期过长，存在食品安全隐患。

（5）根据家人的饮水量选择桶装水。一经开封，最好能够在提示期限内尽快喝完。如果饮用水量不是太大，可以考虑买小桶水。

三、保存常识

（1）开封后尽快饮用完毕。

（2）同饮水机配合存放或把盖子盖严。

（3）避开日晒，存放在周围环境干净、无异味的地方。

（4）不要放在室内植物下或靠近电源（插座）的地方。

四、实用小贴士

饮水机要定期清洁，虽然没必要每换一次桶就全面清洁一次，但是，每个月做一次清洁工作是良好卫生习惯的体现。需要注意的是，清洁饮水机的清洁剂毕竟是化学制剂，所以一定要冲洗干净后再饮用。

第十一节　坚果炒货类食品的选购与保存

一、营养价值

坚果中含有烟酸、维生素B_6、叶酸、镁、锌、铜和钾，以及多种抗氧化剂等营养成分，素食者常吃坚果有助于摄取缺乏的营养元素，以获得均衡营养。坚果热量虽然高，却是护心健脑的好食物。坚果还可以降低患冠心病的概率，常吃坚果的人不易患心肌梗死。此外，其含有的苯酚素可以降低胆固醇，硼元素会让人的反应更敏锐。常吃坚果，可获得固齿、补益、养身的效果。我们经常食用的坚果有花生、核桃、板栗、榛子等。

花生：含有蛋白质、脂肪、糖类、维生素A、维生素B_6、维生素E、维生素K、水分及矿物质钙、磷、铁等营养成分，可提供8种氨基酸及不饱和脂肪酸。蛋白质含量高达30%左右，可与鸡蛋、牛奶、瘦肉等媲美，且易被人体吸收；

核桃：核桃含有蛋白质、脂肪、糖类、维生素A、维生素B_1、维生素B_2、维生素C、维生素E和锌、镁、铁、钙、磷等元素，所含油脂比例达到60%以上。核桃的第一大功效是补脑、健脑，被称为“益智果”，在国内也享有“长寿果”的美称。其含有的磷脂能增强机体抵抗力，并可促进造血和伤口愈合。核桃仁还有镇咳平喘的作用。经历冬季的准妈妈，可把核桃作为首选零食。

板栗：板栗素有“干果之王”的美誉，果肉金黄，味道甜香，是中国的特产。果实中糖和淀粉的含量高达70%。板栗壮腰补肾，养胃健脾，活血止血，是做药膳的上等原料。

榛子：榛子果仁中含有蛋白质、脂肪、糖类、维生素B_1、维生素B_2、维生素E、胡萝卜素。榛子中人体所需的8种氨基酸样样俱全，含量远远高过核桃，钙、磷、铁含量也高于其他坚果。榛子补脾胃、益气力、明目。其含有的锰元素能使骨骼、皮肤、肌腱、韧带等组织坚固。

二、选购常识

看标识：选购时应注意产品的标签标识，炒货、坚果标签应标明产品名称、净含量、制造者

（经销者）的名称和地址、产品标准号、生产日期、保质期。在购买时应特别注意产品的生产日期，选择保质期内的产品，最好是距离购买日期较近的出厂不久的产品。同时，检查包装是否有破裂，最好是真空包装或在包装中有脱氧剂。

嗅气味：闻一下产品的气味是否正常，应没有刺鼻的酸味、哈喇味。

看形态：看该产品是否具有自然应有的色泽和形态，外观应没有烤焦、发芽、霉变、生虫现象，无外来杂质。

尝风味：炒货食品经高温炒制和烘烤，应该具有丰富的脂香和焦香味。好的产品应该是原有的风味与添加的辅料匹配很好，味道柔和醇厚，口感应松脆，无酸味等异味。

下面就几种人们经常购买的炒货及坚果来谈一谈选购炒货食品及坚果制品的技巧及常识。

松子：优质松子壳面为浅褐色，富有光亮；松子入口壳易碎，有响声，仁肉容易脱壳；松子大小均匀，果粒饱满，无霉粒，无瘪粒。次质松子壳面发暗，无光泽，壳质软韧，粒小干瘪。

核桃：优质核桃果形端正，壳薄；果壳色明洁净、光滑；果壳无虫孔，无破损，无霉斑；仁肉生脆，味香甜，无异味，无酸败味。劣质核桃果壳破损，果仁破伤，有虫孔和粪便，有哈喇味或其他异味。

榛子：优质榛子榛壳呈褐色，有光亮，仁肉饱满；用手抓一把榛子摇动，听其响声，有清脆声；榛子粒大圆整，无空壳，无虫蛀，无异味。次质榛子榛壳呈青色，缺乏光亮，果体大而轻或小，仁肉干缩，食时无香味，有虫蛀，有杂质。

葵花籽：优质葵花籽粒大而饱满，壳面平整，富有光泽。仁肉白净肥壮，手感滑爽；葵花籽无瘪子，无霉烂；葵花籽香气纯正，无哈喇味，咸味适中。劣质葵花籽粒瘦小，壳面凹凸不平；葵花籽有空子、虫蛀等。

花生仁：优质花生仁，整粒花生仁的仁衣完整，没有脱落，大小均匀；用两指揉搓仁衣，易脱衣的，表明身干质好；具有花生仁本身的气味，无霉粒，无虫粒。

三、保存常识

选购坚果炒货时最好要适量选购，最好能一次性吃完，不要长期暴露在空气中。散装坚果炒货食品或开袋后一次吃不完的坚果炒货食品，建议先趁干燥时分装成一次可以吃完的量，用密封袋、保鲜盒或密封夹封口后放置在阴凉干燥处，减少其与空气、水分的接触，避免高温，这样不容易变质，保证了坚果的美味安全。

四、实用小贴士

（1）腰果含有多种过敏原，对于过敏体质的人来说，可能会造成一定的过敏反应。因此，第一次吃腰果的人，最好不要多吃，可先吃一两粒后停十几分钟，如果不出现过敏反应再吃。

（2）核桃的吃法有多种，生吃可治咳嗽、恶心；核桃肉泡酒喝，可以止痛；将核桃肉炒熟后拌红糖吃，能对产后血虚、体弱起到大补作用，且有帮助排出瘀血等功效。

第十二节　蜂蜜的选购与保存

一、营养价值

蜂蜜中含有大约35%的葡萄糖、40%的果糖，这两种糖都可以不经过消化作用而直接被人体吸收。蜂蜜中还含有与人体血清浓度相近的多种无机盐，还含有一定数量的维生素 B_1、维生素 B_2、铁、钙、铜、磷、钾等矿物质。深色蜜又比浅色蜜含有

较多功能矿物质。蜂蜜是食物中含酶最多的一种，包括淀粉酶、脂肪酶、转化酶，酶是帮助人体消化吸收和一系列物质代谢及化学变化的促进物质。蜂蜜能改善血液的成分，促进心脑和血管功能，因此经常服用对于心血管病人很有好处，是心血管患者的食疗佳品。蜂蜜对肝脏也有一定的保护作用，能促使肝细胞再生，对脂肪肝的形成有一定的抑制作用。另外，食用蜂蜜能迅速补充体力，消除疲劳，增强对疾病的抵抗力。

二、选购常识

看颜色：由于蜜源不同，蜂蜜的颜色也不尽相同。一般来说，深色蜂蜜所含的矿物质比浅色蜂蜜丰富。如果你想补充微量元素，可以适当选择深色蜂蜜，如枣花蜜。质量好的蜂蜜，质地细腻，颜色光亮；质量差的蜂蜜通常混浊，且光泽度差。

看黏稠度：纯蜂蜜较浓稠，用一根筷子插入其中提出后可见到蜜丝拉得长，断丝时回缩呈珠状；如蜂蜜含水量高，断丝时无缩珠状或无拉丝出现。

此外，也可把盛装在玻璃瓶里的蜂蜜摇晃几下，然后倒转瓶子，看蜂蜜在瓶壁上有否挂壁，有挂壁且挂壁时间越长越好，证明蜂蜜的黏稠度大。

看杂质：蜂蜜中如有杂质存在，会对蜂蜜的品质起到一定的影响。因此，可把蜂蜜倒在透明的容器里，对着阳光看，如用玻璃瓶装蜂蜜，可直接观看，就可发现杂质存在的情况，应挑选清净无杂质的蜂蜜。

视个人口味：由于蜜源品种不同，蜂蜜的口味也不尽相同。一般来说，蜜的颜色越浅，其味道也越清香。口味淡的人可选购槐花蜜、芝蜜、棉花蜜；口味浓者可选购枣花蜜、椴树蜜、紫穗槐蜜等。

三、保存常识

蜂蜜保存宜放在低温避光处。最适宜的温度是5～10℃。由于蜂蜜是属于弱酸性的液体，能与金属起化学反应，因此，应采用非金属容器如陶瓷、玻璃瓶、无毒塑料桶等容器来贮存蜂蜜。

蜂蜜在贮存过程中还应防止串味、发酵、污染等。为了避免串味和污染，不得与有异味物品（如酒精、大蒜等）同储存。

将蜂蜜长期放置在常温下，不见霉变或质变，主要缘由是蜂蜜对各类菌属有较强的抗菌作用。蜂蜜含有抗氧化剂，还因呈酸性、含糖量高，保持着很高的渗透力，微生物无法在这种环境内生存。但吃蜂蜜以新鲜为好，因新鲜蜜一般色、香、味口感较好。

四、实用小贴士

（1）蜂蜜能治疗中度的皮肤伤害，特别是烫伤，将蜂蜜当作皮肤伤口敷料时，细菌无法生长。

（2）失眠的人在每天睡觉前口服1汤匙蜜糖（加入1杯温开水内），可以帮助其尽快进入梦乡。

（3）蜂蜜鉴别，取少量蜂蜜放在干锅或小碟子里，用文火加热，同时用筷子不断搅拌，使蜂蜜中的水分蒸发，等到蜂蜜不再冒气泡了，颜色稍变为黄棕色时取下，经过加热后的蜂蜜如果永远是软的，证明是真蜂蜜，如果过段时间蜂蜜变硬，证明蜂蜜中掺了白糖。

（4）12个月龄以下的婴儿不建议食用蜂蜜，因为蜂蜜含有微量的蜂毒，这是提高人体免疫力的有益物质，但一岁以内的婴儿胃肠道发育还不健全，对此类物质的耐受力差。一岁后的宝宝消化系统已经发育完全，就可以放心食用了。

（韩佳佳）

第六章

食品消费提示

第一节 保健食品和普通食品有什么区别

保健食品和普通食品既有联系又有区别，其共同点在于：不论是保健食品还是普通食品，首先必须具备食品的基本特征，即应当无毒、无害、符合应当有的营养和卫生要求。

一、两者的主要区别

（1）保健食品含有一定量的功效成分，能调节人体的机能，具有特定的保健功能，而一般食品不强调特定功能。

（2）保健食品是为特定人群而设计的，一般有特定的适宜人群和不适宜范围，而一般

食品无特定的适宜范围。

（3）在普通食品中也含有生理活性物质，但大多含量较低，无法达到调节人体机能的水平。保健食品中的功效成分是通过提取、分离、浓缩（或是添加了纯度较高的某种生理活性物质），使其在人体内达到发挥作用的浓度，从而具备了一定的功效。

二、保健食品产品辨别

批准文号格式统一：国家食品药品监督管理局批准，其格式为“国食健字G××××××××”或“国食健字J××××××××”（进口保健食品）。

左上角要有小蓝帽：外包装“主要展示版面”左上方应并排或上下排列标注保健食品蓝色草帽标志与保健食品批准文号。

保健食品包装必须注明：名称、净含量及固形物含量、配料、功效成分、保健作用、适宜人群、食用方法、日期标示（生产日期及保质期）、储藏方法、执行标准、保健食品生产企业名称及地址、卫生许可证号等12个因素缺一不可。

其主要功能是调理：调理是需一段时间与过程，在这个过程中，身体素质会慢慢提高，但很少在短期内有明显的变化。且保健食品可申报的只有27种功能。

三、保健食品消费提示

（1）保健食品是食品的特殊种类，不能代替药品，不能宣传疾病治疗、预防作用。广大消费者，特别是中老年人，切勿听信将保健食品比成灵丹妙药的虚假夸大宣传。

（2）保健食品不含全面的营养素，不能代替其他食品，要坚持正常饮食。

（3）要通过正规的渠道购买保健食品，索要正规的销售凭据，切忌通过非法的传销和会议销售等途径购买保健食品。

（4）选购保健食品要认准产品包装上的保健食品标志（小蓝帽）及保健食品批准文号，依据其功能有针对性地选择，并按标签说明书的要求食用，切忌盲目使用。

（5）选购保健食品要检查保健食品包装上是否注明生产企业名称及其生产许可证号，生产许可证号可到企业所在地省级食品药品监管部门网站查询。

（6）遇有虚假宣传产品疾病治疗、预防功能的食品和保健食品的，可拨打12331电话投诉举报。

第二节　黄曲霉毒素的前世今生

世界范围内黄曲霉毒素的污染比较广泛，包括谷物、坚果和籽类以及牛乳等，以玉米、花生被污染的程度最严重。黄曲霉毒素是黄曲霉、寄生曲霉等产生的代谢产物。其主要原因是食物在田间未收获前被黄曲霉等产毒菌浸染，在适宜的气温和湿度等条件下繁殖并产毒，或未经充分干燥，在储藏期间产生大量毒素。食用油也存在容易受黄曲霉毒素污染的问题，但通过原料筛选、碱炼、吸附等控制手段可以使成品油中黄曲霉毒素降到非常低的水平。

一、黄曲霉毒素毒性及防范措施

吃进去会怎样?

摄入量决定黄曲霉毒素是否引起急性中毒。黄曲霉毒素有很多种，毒性都远远高于氰化物、砷化物和有机农药的毒性，其中以B_1毒性最大。曲霉毒素中毒的症状一般为一过性发烧、呕吐、厌食、黄疸、腹水、下肢浮肿等肝中毒症状，严重者出现暴发性肝功能衰竭、死亡。被称为目前已知最强致癌物之一。所以把食物中的黄曲霉毒素控制在安全值以内，也是各国都在严格把关不敢松懈的事儿。

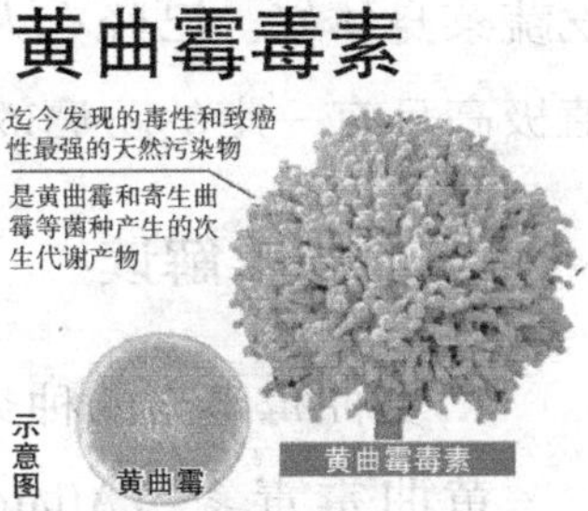

世界范围内曾报道数起人类的黄曲霉毒素急性中毒，如非洲的霉木薯饼中毒、印度的霉玉米中毒等。2004—2005年肯尼亚暴发了迄今史上最大规模的黄曲霉毒素急性中毒事件，中毒千余人，死亡125人，中毒玉米中检出黄曲霉毒素B_1的含量高达4 400微克/千克，是罕见的黄曲霉毒素中毒事件。

你最关心的：那咋办啊？

首先是快速识别，黄曲霉毒素是很苦的，食用花生、核桃等食物时如果感觉很苦，马上吐出来，并漱口。发霉的花生、核桃等都容易产生黄曲霉毒素。

其次，由于黄曲霉毒素热稳定性非常好。常规的烹调和加热很难分解掉它们。而食用油又很容易受到污染，因此选择生产过程严格把关的食用油就十分重要。

有什么防范措施呢？

其实说出来你会觉得并不新奇，那就是多吃些富含叶绿素的深绿色叶菜。没错，老生常谈了，多吃蔬菜身体好。已经有大量研究证明绿叶菜营养价值极高且有一定的防癌效果。

二、专家解读

1. 黄曲霉毒素的种类

黄曲霉毒素（Aflatoxin，AF）最早被发现于1960年，是黄曲霉（Aspergillus flavus）和寄生曲霉（Aspergillus parasiticus）的次级代谢产物，目前已分离鉴定出12种以上，常见的有黄曲霉毒素B_1、B_2、G_1、G_2、M_1、M_2、B_{2a}、G_{2a}、BM_{2a}和GM_{2a}等。黄曲霉毒素的热稳定性非常好，常规烹调和加热法不易分解。

2. 全球已高度重视对食品中黄曲霉毒素的控制

黄曲霉毒素B_1是影响人和动物健康的主要真菌毒素之一，也是全球食品安全控制中最主要的真菌毒素。2003年联合国粮农组织（FAO）发布的全世界食品和饲料真菌毒素法规报告中显示，除国际食品法典委员会（CAC）的规定以外，全球100多个国家和地区

制定了各类食品中黄曲霉毒素限量标准。食品中黄曲霉毒素B_1的限量范围为1~20微克/千克，黄曲霉毒素总量（AFB_1、B_2、G_1、G_2）的限量范围为0~35微克/千克。

2011年我国发布的《食品安全国家标准 食品中真菌毒素限量》（GB 2761—2011）中规定花生及其制品中黄曲霉毒素B_1的限量为20微克/千克。（GB 2761—2017）版标准中，此项限量值没变。

3.“土榨油”看似原生态实存安全隐患

近年来，“纯天然”和“原生态”成为部分消费者的追求，除了购买“土榨油”外，也有使用家用榨油机自制油的方式。对于这两种榨油方式，专家认为存在较大安全隐患。除了原料品质是否过关的问题，“土榨油”或自榨油还存在下列问题：未经过精炼加工，杂质多，易氧化变质；榨油设备不易彻底清洗干净，残留的油渍及谷物残渣在氧化后会产生霉变，食品安全隐患很大；此外，资源利用率低，会造成很大浪费。

三、消费提示

（1）科研人员应加大“从田间管理到加工过程”对黄曲霉毒素污染及控制手段的研究力度，为保证食品安全提供更加有效的科技支撑。

(2) 以玉米、花生等为主要原料的食品生产、加工企业，特别是“土榨油”生产作坊，应严格执行食品安全国家标准和相关技术规范，积极采取有效措施，重视原料安全，严格把关每一个生产环节，确保产品的质量和安全。

(3) 媒体应注重全面、科学、客观报道，采用相应领域权威专家的专业观点，以正确解读国家相关标准法规，引导消费者理性认识和理解黄曲霉毒素的危害，避免公众过度恐慌。

(4) 消费者应注意培养良好的消费习惯，注意产品的标签、标识，做到在保质期内妥善储藏。特别应注意通过正规可靠渠道购买食用油，不要片面迷信“纯天然”和“原生态”制品。

第三节　大豆的功效

在古希腊神话中，农业女神得墨忒耳给了出远门的女儿普西芬尼一粒大豆，说能“消除邪恶，防治百病”。但不久，善良的普西芬尼却把这粒大豆留给人间传种繁衍，成为世界一大农作物。如今，大豆（黄豆、黑豆）极高的营养价值及其优良的保健功能日益传为“现代神话”。

大豆又名黄豆、黄大豆、枝豆、菜用大豆。大豆中含有丰富的维生素A、B族维生素、维生素D、维生素E及钙、磷、铁等矿物质；大豆可以制作豆浆、豆腐及许多豆制品，营养丰富。

一、大豆的功效

1. 增强免疫力和记忆力

大豆含有丰富的蛋白质，含有多种人体必需的氨基酸，可以提高人体免疫力。大豆中富含的磷脂是一种天然营养活性剂，是建筑聪明大脑的重要物质。由于人的大脑20%～30%由磷脂构成，所以多食富含磷脂的食物可使脑中乙酰胆碱的释放增加，从而提高人的记忆和接受能力。

2. 防止血管硬化

大豆中的卵磷脂可除掉附在血管壁上的胆固醇，防止血管硬化，预防心血管疾病，保护心脏。大豆中的卵磷脂还具有防止肝脏内积存过多脂肪的作用，从而有效地防治因肥胖而引起的脂肪肝。大豆磷脂中含有

85% ~ 90%的磷脂酰胆碱以及磷脂酰乙醇胺、磷脂糖苷等，对人体器官有很好的保健效应。

3. 通导大便

大豆中含有的可溶性纤维，既可通便，又能降低胆固醇含量。大豆中含有肌醇六磷酸酶，磷是人体必需的常量营养素。但是，医学界过去一直认为肌醇六磷酸酶会将人体中钙、铁固结于肠内，使这些矿物质难以吸收。后来发现，肌醇六磷酸酶虽将钙、铁固结在肠内影响人体吸收，可是它能抑制结肠癌的发生。

4. 降糖、降脂

大豆中含有一种抑制胰酶的物质，对糖尿病有治疗作用。大豆所含的皂苷有明显的降血脂作用，同时可抑制体重增加。

5. 美白皮肤

大豆异黄酮是一种结构与雌激素相似，具有雌激素活性的植物性雌激素，能够减轻女性更年期综合征症状、延迟女性细胞衰老、使皮肤保持弹性、养颜、减少钙丢失、促进骨生成、降血脂等。

日本女子正流行一种时

尚："吃豆酱美白皮肤。"日本农林水产省食品综合研究所食品功能部研究室证实，豆酱中含有一种物质能够抑制黑色素的合成。据研究人员说，它的成分就是亚油酸。黑色素是由氨基酸之一的酪氨酸合成的，亚油酸具有阻止细胞产生这种合成所需的酶的功能。

6. 五效抗癌

日本人爱吃豆腐真是名不虚传，全国共有3万家豆腐店，平均每人每年要吃20多千克豆腐。居住在夏威夷的美籍日本人，由于经常食用豆腐，胃癌患病率比不吃豆腐的美国人减少三分之一。夏威夷医务部门曾对8000名美籍日本人进行长达20年的跟踪调查，发现每周只吃一次或两三周吃一次豆腐的人，前列腺癌患病率较每天吃豆腐的人高出3倍。

经过长期实验，专家们拿出大量数据证明，大豆中至少有5种物质具有防癌功效，它们是：①蛋白酶抑制素②肌醇六磷酸酶③植物固醇④皂苷⑤异黄酮。美国纽约大学一位学者通过实验，发现大豆中的蛋白酶抑制素可以抑制皮肤癌、膀胱癌，对乳腺癌的抑制效果更明显，可达50%。另有报告说，蛋白酶抑制素对结肠癌、肺癌、胰腺癌亦能发挥抑制功效。

二、豆制品的消费提示

大豆在我国已有2000多年的食用历史，以豆腐为代表的豆制品深受我国人民喜爱。大豆含丰富的蛋白质、必需脂肪酸、维生素、膳食纤维和多种植物化学物质，《中国居民膳食指南》（2016版）建议每人每天摄入25~35克大豆及坚果。

1. 豆制品需要妥善储存，尤其是在夏秋季更应注意，避免细菌滋生。

豆制品通常含丰富的营养，同时水分含量高，很容易滋生细菌，储藏不当容易变质。例如豆腐、豆浆、纳豆等生鲜豆制品，需要在4℃条件下冷藏保存。如果豆制品闻起来发酸，豆腐、豆干等豆制品摸起来黏滑，没有弹性，说明已经变质，不要再食用。

2. 家庭自制豆浆必须煮开后饮用。

当豆浆煮至80~90℃时会产生大量泡沫，形成“假沸”现象，此时应当关小火继续煮5~10分钟。由于豆浆中含有凝集素和胰蛋白酶抑制剂，如果饮用未煮开的豆浆，可能导致中毒，症状多为恶心、呕吐，严重者可能呼吸困难，需送医院治疗。

3. 家庭自制发酵豆制品需防范致病性微生物中毒。

我国部分地区有食用自制发酵豆制品的习惯，

如臭豆腐、豆豉等。这些食物容易受到杂菌的污染，可能引起中毒。建议消费者尽量不要自制发酵豆制品，如果食用后出现恶心、呕吐、眼睑下垂、视力模糊、呼吸困难等疑似致病性微生物中毒的症状，应当尽快送医院治疗。

第四节　关于“保质期”的解读

什么是食品的保质期呢？不同国家对食品保质期有何不同的要求？过了保质期的食品如何处理？

一、保质期介绍

产品的保质期是指产品的最佳食用期。产品的保质期由生产者提供，标注在限时使用的产品上。在保质期内，产品的生产企业对该产品质量符合有关标准或明示担保的质量条件负责，销售者可以放心销售这些产品，消费者可以安全使用。

保质期不是识别食物等产品是否变质的唯一标准，可能由于存放方式、环境等变化导致食物过早变质。所以食物等尽量在保质期未到期就及时食用。

开启的食物类的保质期将会缩短，所以尽早使用完，避免产品质量发生变质。

免除标注保质期的食品：GB 7718 中就规定“下列预包装食品可以免除标示保质期：酒精度大于等于10%的饮料酒、食醋、食用盐、固态食糖类、味精”，所以大家不要惊讶，觉得不标注保质期就好像一定是错误的，其实这个是国家允许的，为什么这些产品可以不用标注保质期呢，因为这些产品当中微生物一般都无法代谢、无法生存。

二、专家解读

1. 尽管世界各国对食品保质期的定义或称谓各有差异，但其意义和要求基本一致。

日本对食品的保质期规定非常严格，分“消费期限”和“赏味期限”。前者多用于容易腐烂的食品（如生鲜食品）上，表示在未开封的情况下，能够安全食用的期限；后者多用于品质不容易变坏的加工食品（冷藏或是常温下可以保存的食品），是能保证食品品质、味道的期限。

欧盟规定，保质期分为“在此前食用”和“最好在……之前食用”。前者通常是针对一些易变质的食品，是指在保质期之后食用有可能危害健康；后者则针对其他食品，指在保质期之后食用口感和味道可能会受影响。

美国食品包装上的日期分四种，一般会根据食物的性质来标明。第一种是食品外包装箱上都必须标明“销售截止日期”，指商场只能在这个日期之前销售这些食品。但并不是说过了这个日期就不能吃了，它会给消费者购买后的食用、贮存留有余地。第二种称为“最佳口味期”，是指食品味道或者质量的最佳时间。第三种是“食用期”，即食物的最后食用日期。一般这个日期是最长的，超过这个日期就必须销毁了。第四种，食物还要标明“封箱包装日期”，以便出现问题进行追究。

2. 各类食品对保质期的要求程度不同，肉制品、食用油和鸡蛋的保质期应予以特别关注。

一般来说，易腐败、易氧化的食品对保质期的要求更高，水分活度比较高，蛋白质、脂肪含量比较高的食品过了保质期更容易出现质量隐患，但不一定会产生危害，需要检验才能确定。而由于微生物、氧化或金属离子等超标或脂肪酸败引起的变质食品食用后可能会对人体产生危害。肉制品、食用油和鸡蛋这三类食品尤其应注意保质期。

肉制品营养丰富，在长期保存过程中，肉中的细菌会利用肉品充足的营养和水分增殖，分解蛋白质、脂肪和碳水化合物等，导致肉品腐败变质，同时存在致病菌增殖的安全隐患。有些细菌本身还会产生外毒素和内毒素，可能会危及人体健康。除了细菌增殖导致疾病外，蛋白质自身的腐败也会致病，如可产生胺类、吲哚、硫醇、硫化氢等小分子物质，可能会对人体健康造成危害。

过期的食用油，通常会出现油脂酸败现象，在酸败过程中会产生其他的有毒物质，比如过氧化物。油脂酸败后，加热时烟大、呛人，其中含分解物环氧丙醛等，食用后易中毒，使患者出现急性呼吸、循环功能衰竭现象。

普通鸡蛋的保质期有限，如果存放时间过久，蛋清中本来存在的杀菌素逐渐消亡，各种微生物逐渐侵入鸡蛋内生长繁殖，最后使蛋内成分完全腐败、变成流质。经

过这一过程后，鸡蛋中除残存的蛋白质、脂肪外，还可能产生沙门氏菌、大肠埃希菌等致病菌。变质的鸡蛋，就算经过煮熟、油炸也不能食用。

3. 过了保质期的食品未必会对人体健康造成危害，但仍然必须下架，绝不可以再销售。

但是过了保质期的食品不等同于有害食品；有些食品发生的主要变化是感官品质的变差，仍可以继续食用，比如：某些果汁、饮料以及一些脂肪含量不高的干粮谷物制品等；也可能产品品质的影响不是很大，只是过了最佳品质期限，可以降级作饲料等。而有些食品过了保质期后可能会导致安全隐患，如微生物超标、重金属超标、过氧化值超标，如一些冷藏的食品、金属罐装的食品、油炸食品等。

超过保质期的食品回收后，一般采取两种形式处理：一是焚烧销毁或当作垃圾抛弃；二是加工成饲料，用作肥料等循环利用。

三、专家建议

（1）建议以科学的风险评估为前提，为食品制定合理的保质期限。企业制定产品保质期应依靠专业机构的技术支持。通过检测验证食品在标注的保质期内能否满足产品质量安全标准。同时重点关注销售环节是否满足了食品贮存条件的要求，综合考虑生产和销售环节的要求，为食品制定科学合理的保质期限。

（2）建议广大消费者养成购买食品看标签标注保质期的习惯，不要购买和食用过了保质期的食品。

（3）建议加强对过保质期食品的处理，严格执行回收销毁等有关规定。

第五节　食物中的色素安全吗

世界因为有了各种各样的颜色而多姿多彩。就像美女爱化妆，是为了让自己看起来更光鲜靓丽。同样，当我们吃食物时，要求色、香、味俱全，把色放在第一位，因为“色”能给我们带来视觉的冲击力，有吃的冲动。正是因为这种冲动，才有了在食物中添加色素的这一做法，当我们在享用这些“美色”时，也在纠

结这些“美色”会不会“为祸人间”，担心它的安全。

要了解它是否安全，我们先要认识色素，在《食品添加剂使用标准（2014版）》中规定着色剂“是食品赋予色泽和改善食品色泽的物质”，着色剂就是色素。在我们食物中含有的色素分为天然色素和人工合成的色素。

一、天然色素和人工合成色素都有哪些？

天然色素是指直接来自动植物组织的色素，除藤黄有剧毒不使用外，其余对人体健康一般无害。我国允许使用并已制定有国家标准的天然食用色素有姜黄素、虫胶色素、红花黄素、叶绿素铜钠盐、辣椒红色素、红曲米及β—胡萝卜素等。

人工合成色素主要有胭脂红及其铝色淀、苋菜红及其铝色淀、柠檬黄及其铝色淀、日落黄及其铝色淀、亮蓝及其铝色淀、新红及其铝色淀等。

二、人工色素和天然色素对人体有害吗？

很多人都会有这样的疑问，色素对我们有害吗？甚至有些人说小孩吃多了会造成多动症。而得出这一结论是根据国外的某些机构所做的一组实验所得，但是这个实验是否正确，是否最终被证实，

并没有落实，所以这样的数据并不能说明问题。其实，在世界各国对食品色素的使用和管理都有限制，从目前的规范来看，只要符合标准使用，无论是人工色素还是天然色素都是安全的。

我们说色素有害的时候，忽略了食物的本身。需要色素的食物大多数是糖果、膨化食品和一些高热量的食物。而这样的食物本身就有健康隐患，吃多了就是一种健康负担。所以，我们在担心色素危害的时候，更应该去控制这些对健康有隐患的食物摄入，减少对深加工食物食用次数、帮助孩子抵御各种零食的诱惑，这才是我们要树立的正确饮食观。

三、天然色素和人工合成色素哪个更好？

在食品加工过程中，人们使用天然色素的种类要比人工合成色素多很多，而天然色素的营养作用和抗氧化作用也在食用中得到了认可，比如胡萝卜中的胡萝卜素、万寿菊中的叶黄素、葡萄中的多酚类物质，对心脑血管、抗氧化、眼睛都有很好的保健效果。但是这并不能说明天然色素比人工合成色素要更好。因为这也建立在食物的本身上，什么样的食物添加什么样的色素、添加多少色素，这都需要根据法律法规来决定。据法律法规规定添加的色素，是安全的。但是我们也要注意不要被食物的色所迷惑，抵御诱惑，学会控制自己，按时按量地食用。再好的食物，过量也是负担。

第六节　酸奶与牛奶哪个更营养

我们都知道“奶”对人体很重要，从出生到成年，奶制品都可以给我们提供大量人体所需的能量。尤其是女性更喜欢喝酸奶，不仅养颜还能减肥，有谁会不爱呢？可是面对鲜牛奶与纯酸奶，到底哪一个更好呢？哪个更有营养呢？看看下面这些参数值吧。

一、酸奶与牛奶哪个更营养

热量：酸奶比牛奶热量稍高，因为酸奶中加入了7%的糖。全脂加糖酸奶热量为57.3千焦/100克，全脂无糖酸奶热量为45.3千焦/100克。

营养：酸奶和牛奶的差异不是很大，都是钙的最佳来源。酸奶和牛奶也是蛋白质、维生素AD和B族维生素的好来源。

保健：从保健效果来说，酸奶更好。酸奶有调节免疫、预防肠道感染疾病、改善胃肠功能的作用，是世界公认的健康食品。

减肥：从饱腹感来说，两者都很好。轻微饥饿时喝一杯牛奶或酸奶可以有效缓解迫切的食欲，可减少下一餐的进餐量，但饭后喝都没有减肥效果。

酸奶好还是牛奶好？经过无数专家的讨论后，似乎已经有了定论。酸奶的原料就是牛奶，鲜牛奶经巴氏法消毒后加入有益的乳酸菌，再经发酵作用而制成发酵的乳制品。经过这样的加工后，不仅促使人体对牛奶中的营养成分的消化吸收大大增加，而且具有很好的保健功能。

二、酸奶消费提示

喝酸奶成为不少人的习惯，但具体怎么喝更健康，很多人却迷迷糊糊。弄清以下4件事，帮你明明白白喝酸奶。

（1）发酵乳、

优酪乳都是酸奶。它们都是发酵后的乳品，有可能用来发酵的菌种不同，组合形式不同，但都是酸奶。之所以会被叫作优酪乳，是因为它跟酸奶的英文名“yogurt”发音很相似，但并不是有个“优”字就表示更好。

（2）酸奶的黏不是增稠剂。酸奶是乳（一般是牛乳或羊乳）经过乳酸菌发酵而成，发酵过程中牛奶会自然变黏，并不需要增稠剂。乳酸发酵会使得牛奶变酸，在酸性条件下，蛋白质分子间的疏水基团会连接起来，形成巨大的网络，并且把乳糖、水、脂肪都网在一起，也就形成了酸奶的黏稠。有的酸奶加了淡奶油、乳清蛋白粉，这样也会让酸奶质地更浓稠，口味更香醇。市场上的大部分酸奶为了改善口感或保证每个发酵批次质量均一性，会添加一些增稠剂，如明胶、黄原胶等。不过，正规厂家都是在国家食品安全法规允许的种类和剂量范围内添加，大家可以放心喝，但不要买三无产品。

（3）饭前饭后喝因人而异。比如想减少进食量的人，可选择饭前喝，代替食物提供饱腹感。消化能力较弱的人，最好饭后喝，以免酸奶中

残存的乳糖增加额外的消化负担。服用抗生素时，建议隔开2个小时喝酸奶，对缓解抗生素导致的肠道菌群失调有一定帮助。

（4）活菌酸奶别用微波炉加热。冷藏的活菌酸奶怕热，加热易导致乳酸菌失活。若怕凉，可把酸奶整瓶泡在温水里热一下，水温要控制在40℃以下，即热度最好不超过体温。酸奶切忌用微波炉加热，微波辐射会杀死酸奶中的活菌，从而达不到“益肠”效果。

第七节　如何看懂进口食品保质期

一、什么是食品保质期

根据《食品安全法》和有关标准规定，食品保质期是指食品在标明的贮存条件下保持品质的期限。

保质期由厂家根据生产的食品特性、加速实验或测试结果进行确定，相当于企业针对产品对消费者给出的承诺——在此期限内，食品的风味、口感、安全性各方面都有保证，可以放心食用。

保质期由两个元素构成，一为贮存条件，二为期限，二者紧密相关，不可分割。贮存条件必须在食品标签中标注，通常包括常温、避光保存、冷藏保存、冷冻保存等。如果产品存放条件不符合规定，食品的保质期很可能会缩短，甚至丧失安全性保障。

二、各国对食品保质期的规定

1. 日本：分“消费期限”和“赏味期限”

日本对食品的保质期规定非常严格，分“消费期限”和“赏味期限”。前者多用于容易腐烂的食品（如生鲜食品）上，表示在未开封的情况下，能够安全食用的期限；后者多用于品质不容易变坏的加工食品（冷藏或是常温下可以保存的食品），是能保证食品品质、味道的期限。

2. 欧盟：对易变质食品特别标注

欧盟规定，保质期分为“在此前食用”和“最好在……之前食用”。前者通常是针对一些易变质食品，是指在保质期之后食用有可能威胁健康；后者则针对其他食品，指在保质期

之后食用口感和味道可能会受影响。

3. 美国：包装上详细标明四种日期

美国食品包装上的日期分四种，一般会根据食物的性质来标明。第一种是食品外包装箱上都必须标明“销售截止日期”，指商场只能在这个日期之前销售这些食品。但并不是说过了这个日期就不能吃了，它会给消费者购买后的食用、贮存留有余地。第二种称为“最佳口味期”，是指食品味道或者质量的最佳时间。第三种是“食用期”，即食物的最后食用日期。一般这个日期是最长的，超过这个日期就必须销毁了。第四种，食物还要标明“封箱包装日期”，以便出现问题进行追究。

第八节　炒货及坚果中过氧化值超标原因及危害

根据近几年的监督抽检结果来看，过氧化值超标在炒货食品及坚果制品中时有发生，炒货食品及坚果制品中过氧化值为何会超标？过氧化值超标有哪些危害？

一、过氧化值超标原因

过氧化值是表示油脂和脂肪酸等被氧化程度的一种指标，用于说明食品是否因被氧化而变质，通过检测食品中的过氧化值指标，判断其质量状况和变质的程度。由于坚果类食品中油脂的含量较高，因而极易受到光照、空气接触、高温等外界条件的影响发生氧化，而且炒货食品及坚果制品的原料为农副产品，都是季节性收购，原料贮存过程中，如仓储条件及温度控制不严，容易导致原料氧化变质，储存时间过长的原料，特别是经过夏季的原料，其过氧化值往往会偏高。

二、过氧化值超标危害

当炒货食品及坚果制品中过氧化值超标时，会出现酸臭、刺鼻的气味，食用此类的炒货食品及坚果制品会有苦涩、发酸的味道，严重影响食品口感。过氧化值超标的食品是否对健康有害，取决于超标的程度。在过氧化值很高的情况下，可能会造成体内过氧化物太多而损伤正常细胞，但在这种情况下，食品的哈喇（酸败）味就会很浓，一般人们无法食用这样的食品。因此，过氧化值超标，主要是反映食品不够新鲜或已经变质，提示这样的食品不应继续销售和食用了。

三、避免食用过氧化值超标食品方法

1. 选择在保质期内的商品

消费者在选购坚果炒货食品时，应注意包装袋上的保质期和生产日期，选购在保质期内的食品。

2. 选购时注意食品包装是否完好

购买时需检查包装是否有破裂，包装袋破裂会增加食物与空气接触的时间，导致过氧化值超标。最好选择真空包装或者在包装中有脱氧剂的商品，能有效降低油脂被氧化的程度。

3. 尽量选择原味产品

坚果炒货食品在被加工成各种品味时，会使用盐及香精、人造奶油等成分，味道越重、香味越浓，则说明其添加的量越大。高盐、高糖不仅不利于健康，而且一些商品的酸败气味会被浓厚的咸味、五香、奶油等味道遮盖，不易被消费者发现。

4. 开袋即食

开袋的食品长期处于与空气接触的状态下，开袋放置时间越久，坚果炒货食品被氧化的可能性就越高。此外，应尽量把食物放在阴凉通风的地方，避免阳光的直接照射。

第九节　孕妇、儿童补钙时应注意的问题

一、孕妇“补铁、补钙”，食补还是药补？

孕中期后，有部分孕妈妈已经开始在医生的指导下补铁、补钙了，而还有些孕妈妈则是通过饮食来补充胎宝宝成长所需的各类营养素。究竟要不要通过药物或营养品来补铁、补钙？如果选择食补，又有哪些食物可以选择呢？接下来就跟您说一说孕妈妈补铁补钙的那些事儿！

1. 补钙

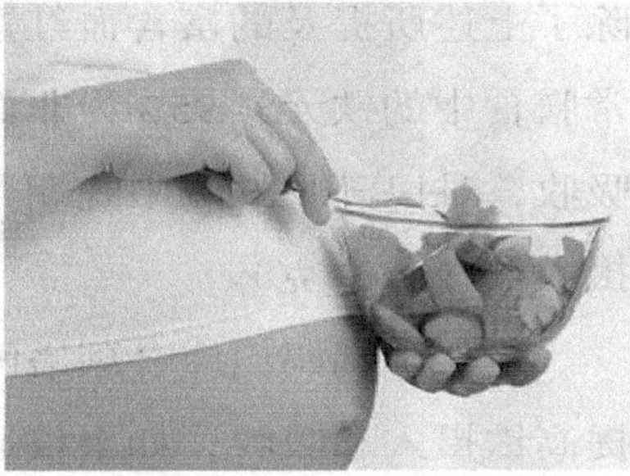

妊娠20周后（孕中期）宝宝进入快速发育期，对钙的需求量迅速增加。试验研究表明，孕妈妈每日应

摄入1.2~1.5克钙，才能有效满足钙需求达到平衡。因此，孕妇可以选择性地多食用含钙丰富的食物，如海带、紫菜、坚果、豆类、虾皮及芝麻等，同时保证早晚各摄入250毫升左右的奶类制品，并适当增加维生素D（可食用蛋黄、动物肝脏）以促进钙吸收。

当食补不能满足所需钙剂时，医生往往会建议孕妇使用补钙药物，但应控制孕妈妈日摄入钙总量不超过3克。因为口服钙剂通常有一定的胃肠道刺激性，因而最好饭中或饭后服用。

2. 补铁

据统计，我国孕妇缺铁性贫血（IDA）患病率为19.1%，妊娠早、中、晚期的IDA患病率分别为9.6%、19.8%、33.8%。孕妇应多食用含血红素铁丰富的食物，如红色肉类、鱼类及禽类等；而水果、土豆、绿叶蔬菜、菜花、胡萝卜和白菜等含维生素C的食物可促进铁吸收，应与肉类均衡搭配。除了上述所提及的富含血红素铁的肉类外，其他日常膳食中的铁元素95%为非血红素铁，不易被人体吸收，难以满足妊娠中晚期孕妈妈所需铁元素的日摄入量（30毫克）。

建议孕妈妈们应合理搭配饮食，以最大限度地提高铁摄入和吸收；如果仅通过食物难以补充足够的铁，可以在医生的指导下适量补充铁剂。因为很多食物都会影响口服铁剂的吸收，建议在饭前1小时左右服药，铁剂与维生素C共同服用可以增加吸收率，但应避免与其他药物同时服用。

二、儿童补钙时应注意的问题

如今，补钙似乎已经成为最时尚的保健方式，各种补钙产品充当了广告界的“宠儿”，从孩子到成年人再到老年人都在不停地补钙，但是对于不同阶段人们每日钙摄入量标准，许多的网友不甚了解。

药学会专家指出：根据《中国居民膳食营养素参考摄入量表》，人体对钙的需求量因年龄的不同而各异。对于儿童来说：0到6个月的婴儿每日钙摄入量需300~400毫克，1~4岁儿童每日需要600~800毫克，4~14岁每日需要800~1000毫克。

如果儿童补钙过量，可能会导致身体浮肿、多汗、厌食、恶心、便秘、消化不良，严重的还容易引起高钙尿症。同时，儿童补钙过量还可能限制大脑发育，反而影响正常发育。因此，儿童补钙应在医生指导下进行。成人的钙推荐摄入量为每天不多于2000毫克，摄入钙过多可能干扰其他微量元素的吸收，还可能导致患肾结石病等。老年人因肝肾功能减退，导致机体对药物的吸收、分布和代谢等能力减退，所以在补钙时更要格外注意。人民网曾报道过台湾发生过1名78岁的老婆婆因补钙过多引发肾衰竭死亡的案例。所以推荐老年人补钙应以食补为主，重视营养合理的配餐，选择含钙量较高而又购买方便的食品，同时要与锻炼身体相结合，补钙的剂量控制在每日1200~1500毫克为宜。

三、消费提示

（1）生长发育正常的儿童，饮食正常，配餐合理，营养平衡，无须额外补充钙剂。

（2）儿童是否缺钙应经医生诊断后决定，家长不可自作主张。

（3）小儿缺钙在出生后两个月内就有明显表现，如夜间啼哭、出汗多、食欲减退、易患呼吸道感染、贫血及枕秃等，严重者可出现手足抽搐，这时应使用钙剂治疗。

（4）如需使用钙剂，应与含维生素D的药物如鱼肝油等配合使用，因为后者能促进对钙、磷的吸收。但维生素D不可服用过量，以免引起持续高钙血症，使钙盐沉积于各器官组织而影响其功能。

第十节 关于白酒选购、贮存的小知识，你知道多少？

白酒是我国传统的特殊饮品，工艺独特、历史悠久、源远流长，然而，人们在购买、贮存白酒时，时常会有这样的疑问：白酒质量好坏怎么鉴别？不同度数的白酒如何贮存？今天我们就来聊一聊有关“白酒”的小知识。

一、香型分类

（1）酱香型：以贵州茅台酒为代表。又称茅型。口感风味具有酱香、细腻、醇厚、回味长久等特点。

（2）清香型：以山西汾酒为代表。又称汾型。具有清香、醇甜、柔和等特点，是中国北方的传统产品。

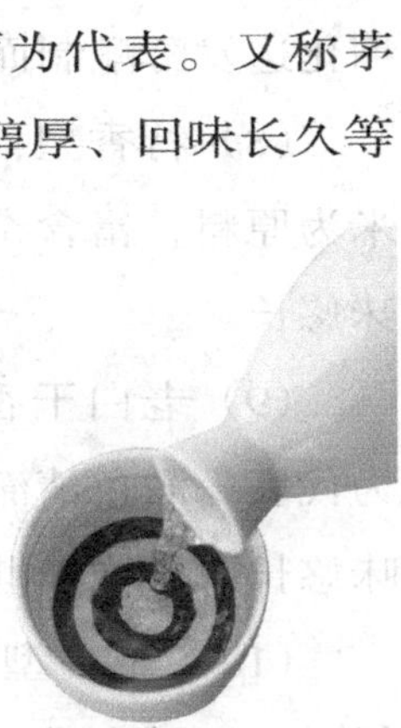

（3）浓香型（大曲香型）：以宜宾“五粮液”（多

粮）、泸州老窖的“1573”（单粮）为代表。又称泸型。口感风味具有芳香、绵甜、香味和谐等特点。

（4）米香型：以广西桂林三花酒、冰峪庄园、西江贡为代表。口感风味具有蜜香、清雅、绵柔等特点。

（5）凤香型：以陕西“西凤酒”为代表。以乙酸乙酯为主，一定的乙酸乙酯香气为辅。

（6）芝麻香型：以山东“一品景芝”为代表。此类酒淡雅香气，焦香突出，入口芳香，以焦香、糊香气味为主，无色、清亮透明；口味比较醇厚、爽口，有类似老白干酒的口味，后味稍有苦味。

（7）豉香型：以广东佛山“玉冰烧酒”为代表。以大米为原料，小曲为糖化酵剂，边固态液态糖化边发酵酿制而成的白酒。

（8）特香型：以江西“四特酒”为代表。以大米为原料，富含奇数碳脂肪酸乙酯，香味和谐，余味悠长。

（9）老白干香型：以河北衡水“衡水老白干”为代表。酒色清澈透明，醇香清雅，甘洌丰柔，回味悠长而著称于世。

（10）兼香型：①酱中带浓型，表现为芳香，舒适，细腻丰满，酱浓协调，余味爽净悠长；如湖北白云边酒。②浓中带酱型，主要表现在浓香带酱香，诸味协调，口味细腻，余味爽净。如黑龙江的玉泉酒等。

（11）其他香型：其他香型白酒，除以上所介绍的几种香型以外的各种香型的白酒，都属于其他香型，是一些因为工艺独特、风格独具而对其香型定义及主体香气成分有待进一步确定，或以一种香型为主兼有其他的香型的白酒。这类酒以董酒为典型代表，它的风格特点是：香气馥郁，药香舒适，醇甜味浓，后味爽快。它的主要香气成分也是乙酸乙酯和乳酸乙酯，其次是丁酸乙酯，它的药香是以肉桂醛为主。在口味上，由于含酸量较高，而且有一定比例的丁酸，所以风味特殊，带有腐乳的香气，因为风格特异被人们称为董香型。在贵州名酒中，除董酒外，平坝窖酒、朱昌窖酒、金沙窖酒、泉酒、山月老窖等，均采用大小曲工艺，产品有自己独特的香味与风格，都属其他香型。

二、选购白酒“五看一闻”辨真假

为了保证饮酒安全，除了不要过量饮酒外，酒的质量是很重要的因素。选购白酒要防范假酒、劣质酒。市场上有时会遇到采用非法手段勾兑出来的假酒、劣质酒。因此，选购白酒时要注意“五看一闻”。

一看瓶形

许多名酒有独特的瓶形，有的为白色圆柱形玻璃瓶，瓶子质地优，无杂质；还有鼓形（俗称萝卜瓶）、麦穗形等。

二看标签

正品白酒标签印制精美，纸质优良，字体清晰，色泽均匀，图案套色准确，有的在包装盒或瓶盖上使用了激光全息防伪图案。假酒的商标标签印制粗糙，色泽不正，图案模糊。

三看瓶盖

国家认可公布的名牌白酒瓶盖为统一的铝质金属防盗盖，盖体光滑、形状统一、对口严密、开启方便。假酒瓶盖不严，倒看往往有滴漏，盖口不易扭断。

四看包装

正品名酒包装盒印制精细、接缝严密、松紧均匀，有的瓶盖有塑料膜包裹且十分严密。

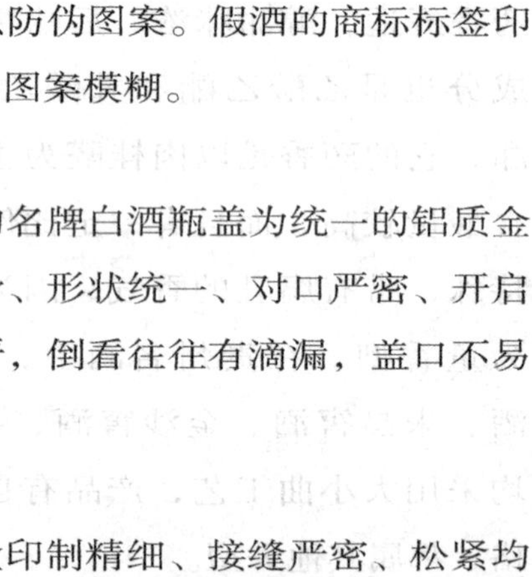

五看清浊

清澈透明无沉

淀，震摇后酒花消失缓慢为优质酒；若有沉淀，甚至有漂浮物，酒花密集上翻，则可能是劣质酒。

一闻

倒一点酒在手上摩擦片刻，闻其气味清香者为上等酒，气味甜者为中等酒，气味苦臭或有其他异味者为劣质酒。

三、贮存白酒

中国有句俗语叫“酒是陈的香”，意思是酒贮存时间越长，质量越好，香气和味道更和谐可口。但是，白酒在贮存过程中有一定的讲究，并不是所有的酒都适合贮存。

首先，已经开瓶的白酒不宜久放，由于白酒是蒸馏酒，酒体中含有大量低沸点、易挥发的香气成分，开瓶后由于密封度不够，造成香气成分损失，酒精度下降，使得酒体香气不足，口感不协调，质量严重下降。因此，已经开瓶的白酒不适宜长期贮存，需尽快饮用。

其次，低度白酒不宜贮存，行业一般将酒精度在40度以下的白酒划分为低度酒，由于低度酒中乙醇成分含量较低，使得酒体容易向着酯水解的方向进行，且酒精度会由于乙醇挥发而进一步降低，使得低度白酒饮用时出现“水味”，质量下降。因此，选择贮存的瓶装白酒酒精度最好在50度以上。贮存时要尽量选择通风、阴凉、干燥的地方，不宜在阳光下曝晒。

四、适量饮酒，别贪杯

（1）适量饮酒。《中国居民膳食指南（2016）》中建议：成年男性饮酒的酒精量不超过25克/天，相当于38度的白酒约75毫升，或52度的白酒约50毫升；女性不超过15克/天，相当于38度的白酒约50毫升，或52度的白酒约37毫升。

（2）不空腹饮酒，食饮结合。空腹时酒精吸收较快，容易醉酒。饮酒时多进食，尤其是多吃蔬菜，有利于降低血液中酒精浓度，减少对身体的损害。

（3）不与其他酒混合饮用，由于各种酒的成分构成有差异，混饮后容易引起上头、醉酒和不舒服感。

（4）对于特殊人群，如孕妇、酒精过敏人群、病患人群、未成年人等，应避免饮酒；对于特殊职业者，如司机等在驾驶前和驾驶中，均不应饮酒。

第十一节　好蛋还是坏蛋？鉴别禽蛋的新鲜度有妙招

选购禽蛋时，你是否会有这样的疑问，怎样区分“好蛋”和“坏蛋”？

新鲜的禽蛋，吃起来味美且富有营养，如果蛋不新鲜，甚至霉变发臭，不仅谈不上营养，而且无法食用。那么，如何识别禽蛋是否新鲜，运用这几种方法可以进行简单判别。

一、禽蛋是否新鲜

1. 看蛋壳

首先看蛋壳。新鲜蛋蛋壳表面光洁，颜色鲜明，壳上附着一层白霜，无裂纹。

陈蛋的蛋壳比较光滑，蛋壳稍暗，但未变质，仍可食用。

霉蛋蛋壳表面有霉点或霉斑，多有污物。

若为臭蛋，因其蛋的内容物已经腐败变质，蛋壳较滑，色泽灰

暗（发乌），并有臭味，不可食用。

2. 摸手感

蛋的质地主要靠手感。新鲜蛋拿在手中有“压手”的感觉。

次劣蛋由于在贮藏过程中，时间较长，营养成分及水分不断地损失，内容物减少，所以分量较轻，无“压手”感。次劣蛋蛋壳表面发涩。孵化过的蛋外壳发滑，手感更轻。

3. 听响声

把蛋靠在耳边摇摇，有响声的是陈旧蛋，新鲜蛋一般不响。还可将3个蛋拿在手里滑动轻碰，好蛋发出的声音似砖头碰撞声，若发出其他声音则说明蛋不新鲜。

4. 用光照

利用日光或灯光进行照看。以左手握成窝圆形，右手将蛋的末端放在窝圆形中，对着光线透视。蛋内透明的是新鲜蛋，模糊或内有暗影的是次劣蛋；次劣蛋包括贴壳蛋、散黄蛋、霉蛋、臭蛋。在市场选购时，可带一电筒，按此法检查蛋的新鲜度。

有条件或必要时，可配制10%~20%的食盐水，把蛋放在食盐水里，新鲜蛋立即下沉，不太新鲜的蛋下沉较慢，很陈旧的蛋上浮。

鸡蛋的消费提示

鸡蛋富含蛋白质、脂肪、卵磷脂、维生素和铁、钙、钾等人体所需要的营养素，其氨基酸组成模式与人体相近，是自然界中最优质的蛋白质来源之一。

二、鸡蛋消费提示

1. 蛋壳颜色与营养价值无关

蛋壳的颜色有白色、红色、青色、褐色等，主要与产蛋鸡的品种有关，由一种叫卵壳卟啉的物质决定，与鸡蛋的营养价值无直接关系。

2. 科学合理选购鸡蛋

消费者在选购鸡蛋时要尽量选择清洁蛋，清洁蛋是指鲜鸡蛋经过检查、清洗、风干、油蜡处理、分级后的蛋制品，其安全性相对高于散装鸡蛋。如果在商超或传统农贸市场中购买未经清洗的散装鸡蛋，建议消费者在购买后要尽快进行清洁处理，以预防可能存在的潜在风险。不要购买和食用毛鸡蛋。

3. 不要盲目追求“土鸡蛋”

“土鸡蛋”一般指蛋鸡在散养环境下自由摄食草籽、小虫、粗粮等天然食物而非饲料所产出的鸡蛋。这种鸡蛋一般比普通鸡蛋小，但其售价往往是普通鸡蛋的一倍甚至多倍，很多消费者认为“土鸡蛋”与普通鸡蛋相比具有更高的营养价值。而研究结果表明，“土鸡蛋”和普通鸡蛋的营养价值相似，其风味主要是由于“土鸡蛋”含有更高的脂类所致。

4. 购买后的鸡蛋应该尽快食用并冷藏保存

鸡蛋的保质期受气温、湿度的影响较大。通常来说，温度在2~5℃时，鸡蛋的保质期为40~60天；在15℃以下，保质期为30天左右；当夏季温度高于25℃时，鲜鸡蛋保质期为7~10天。消费者应根据家庭人口计算购买量；购买后应采用冰箱低温储藏的方式进行保存，延长鲜鸡蛋的保质期，保障鲜鸡蛋的安全和营养。

5. 不应顾忌胆固醇而不吃鸡蛋或蛋黄

有些消费者因顾忌鸡蛋中含有较高的胆固醇，认为吃了外源性的胆固醇就会诱发血脂升高，因此不敢吃鸡蛋，尤其是蛋黄。最新研究结果表明，虽然蛋黄富含胆固醇，但同时也含有丰富的卵磷脂，人体食用鸡蛋后其体内的卵磷脂能使胆固醇颗粒变小，并保持悬浮状态，可在一定程度上阻止胆固醇和脂肪在血管壁上沉积。《中国居民膳食指南》（2016版）中建议“每天一个蛋、蛋黄不能丢”。因此，不必因顾忌胆固醇而不吃鸡蛋或蛋黄。

第十二节 调和油的消费提示

食用植物调和油是指用两种及两种以上的食用植物油调配制成的食用油脂。

一、调和油的特点

2016年由国家卫生计生委发布的《中国居民膳食指南（2016）》以及2015版美国膳食指南都强调食物要多样化，这对于食用油来说也不例外，也就是说各种食用油都要吃，品种要多样。大豆油、菜籽油、花生油等各种食用油的热量值大同小异，但其中营养成分种类和含量不尽相同，各有特点。调和油是由两种及两种以上油品经过科学配方调制而成的，不仅脂肪酸组成的平衡性要好于单一植物油，而且含有更丰富多样的微量营养成分，同时改善了食用油的营养和风味，比单一植物油更具优势。

二、选购调和油时要注意包装上的信息标识

消费者购买调和油产品时应从正规渠道购买，

购买时注意包装上的标签信息，做到明明白白消费。

食用调和油属于直接向消费者提供的预包装食品，按照国家标准（GB 2716）的要求，以下内容均必须在包装上标示：食品名称、配料表、净含量和规格、生产者和（或）经销者的名称、地址和联系方式、生产日期和保质期、贮存条件、食品生产许可证编号、产品标准代号等。

市场上现有部分调和油产品对各种植物油的比例也进行了标注。

三、根据烹调需要合理选择和使用食用油

中式烹调包括熘、炒、煎、炸或凉拌等不同方式，应根据日常烹调合理选择和使用食用油。例如，煎、炸烹饪，温度较高，适宜选择菜籽油含量较高的调和油；橄榄油、藻油、亚麻籽油等植物油不饱和脂肪酸、有益伴随物含量较高，富含此类油品的调和油不宜进行高温烹调，建议凉拌或浇在烹调好的菜肴上食用。

为保证油脂品质，消费者应注意在避光阴凉处

贮存，对于多不饱和脂肪酸含量较高的油脂开盖后可于冰箱内冷藏存放并尽快用完。

第十三节 关于预防野生毒蘑菇中毒的风险提示

部分地区发生多起因采食野生蘑菇而引起的中毒事件。为避免该类事件反复发生，特进行以下消费提示。

（1）消费者不要随意采食和购买野生蘑菇。我国的蘑菇种类繁多，分布的地域也非常广，森林、草原、平原、路边等都可以采到。我国已知可食用的蘑菇有1 000多种，毒蘑菇有400多种，其中含剧毒可对人有致死危险的蘑菇有40多种。对于野生蘑菇，目前尚未形成消费者可以用来鉴别其是否有毒的简易科学方法，预防食用野生蘑菇中毒的根本办法就是不要采食野生蘑菇，不要购买个人采摘售卖的野生蘑菇。同时，也不要轻易食用没吃过或不认识的野生蘑菇。吃完蘑菇后如感不适，

包括恶心、头晕、呕吐、幻视、幻听等症状应立即前往医院治疗；如果来不及就医，应立即采用简易的方法进行催吐、洗胃、灌肠等处理，尽快排出体内尚未被吸收的残余蘑菇从而减轻有毒物质的吸收，防止病情加重，并尽快到医院进行诊治。

（2）食品生产经营者对不认识的蘑菇应做到“三不”，即不采摘、不加工、不经营。由于有毒蘑菇与普通蘑菇很难鉴别，仅依靠民间流传下来的所谓经验并非科学可靠，以致时常发生“误食”野生毒蘑菇引起的中毒事件。对于不认识的蘑菇，食品生产经营者要做到不采摘、不加工、不经营，确保所加工、经营的蘑菇中未混入有毒品种。

（3）各级食品安全监管部门要做好采食期的预警和科普宣传工作。在蘑菇成熟期，要通过各种方式进行预警，减少“误食”毒蘑菇而发生的中毒事件。

第十四节　预防亚硝酸盐中毒的消费警示

四川省巴中市发生了一起因误用亚硝酸盐引起的农村自办群体性宴席食物中毒事件，应引起广大公众警惕。

一、什么是亚硝酸盐

亚硝酸盐是自然界中普遍存在的一类含氮无机化合物，可作为食品添加剂应用于肉制品中。常见的亚硝酸盐主要有亚硝酸钠和亚硝酸钾，其外观与食盐类似，呈白色至淡黄色，粉末或颗粒状，无臭，味微咸，易潮解和溶于水。

正常饮食情况下，人体中的亚硝酸盐主要是食物和饮水中的硝酸盐在口腔及胃中细菌的作用下转化而来的。研究表明，亚硝酸盐可以通过一定途径被还原为一氧化氮。摄入含有低水平亚硝酸盐的食物可补充人体内的亚硝酸盐。

二、亚硝酸盐在食品中使用的规定

我国食品安全国家标准对亚硝酸盐的使用和安全管理有着严格要求，按照标准规定使用亚硝酸盐是安全的。国标规定亚硝酸钠、亚硝酸钾可作为护色剂、防腐剂在腌腊肉制品、酱卤肉制品和熏、烧、烤肉等加工中使用，并规定了最大使用量和最大残留量。餐饮服务提供者应当遵守《关于禁止餐饮服务单位采购、贮存、使用食品添加剂亚硝酸盐的公告》（卫生部公告2012年第10号）规定：禁止采购、贮存、使用食品添加剂亚硝酸盐（亚硝酸钠、亚硝酸钾）。

三、人体过量摄入亚硝酸盐的危害

如果短时间内经口摄入（误食或超量摄入）较大量的亚硝酸盐，则容易引起急性中毒，使血液中具有正常携氧能力的低铁血红蛋白氧化成高铁血红蛋白，失去携氧能力，造成组织缺氧，称为高铁血红蛋白血症。

当摄入量达到0.2~0.5克时可导致中毒，摄入量超过3克时可致人死亡。

中毒的特征性表现为紫绀，症状体征有头痛、头晕、乏力、胸闷、气短、心悸、恶心、呕吐、腹痛、腹泻，口唇、指甲及全身皮肤、黏膜发绀等。严重者意识不清、烦躁不安、昏迷、呼吸衰竭直至死亡。

四、常见的亚硝酸盐致食物中毒的原因

常见的亚硝酸盐致食物中毒的原因有四类。一是由于亚硝酸盐在外观上与食盐相似，误将亚硝酸盐当作食盐使用或食用，是引起中毒的主要原因。

二是由于我国很多地区有家庭自制加工肉制品的习惯，如果食用含亚硝酸盐过量的肉制品也会引起食物中毒。三是贮存过久、腐烂或煮熟后放置过久及刚腌渍不久的蔬菜中亚硝酸盐的含量会有所增加，该情况下食用容易导致中毒。四是个别地区的井水含硝酸盐较多（称为“苦井水”），用这种水煮的饭如存放过久，硝酸盐在细菌作用下可被还原成亚硝酸盐而导致中毒。

五、消费提示

消费者要购买正规渠道销售的食盐。要注意食用新鲜蔬菜，不食用存放过久或变质的蔬菜。吃剩的熟菜不可在高温下存放过久，饭菜最好现做现吃。尽量不用“苦井水”煮饭，不得不用时，应避免长时间存放。此外，在食用加工肉制品、咸菜等食品时，可搭配富含维生素C、茶多酚等成分的食物，以降低可能含有的亚硝酸盐的毒性。

（杜翠荣）

图书在版编目（CIP）数据

食品安全与健康饮食 / 陈学辉主编. —沈阳：辽宁科学技术出版社，2018.12

ISBN 978-7-5591-1019-0

Ⅰ. ①食… Ⅱ. ①陈… Ⅲ. ①食品安全 Ⅳ. ①TS201.6

中国版本图书馆CIP数据核字（2018）第259377号

出版发行：辽宁科学技术出版社
（地址：沈阳市和平区十一纬路25号　邮编：110003）
印 刷 者：辽宁新华印务有限公司
经 销 者：各地新华书店
幅面尺寸：140 mm×203 mm
印　　张：11.5
字　　数：290千字
出版时间：2018年12月第1版
印刷时间：2018年12月第1次印刷
责任编辑：邓文军　陈广鹏
封面设计：李　嵘
责任校对：王玉宝

书　　号：ISBN 978-7-5591-1019-0
定　　价：36.00元

联系电话：024-23280036
邮购电话：024-23284502
http://www.lnkj.com.cn